SUR

L'HARMONIE DES FORMES TERRESTRES

PAR

M. LE COMTE H. DE VILLENEUVE FLAYOSC,

INGÉNIEUR EN CHEF AU CORPS IMPÉRIAL DES MINES

Membre de plusieurs Sociétés savantes.

MARSEILLE
TYPOGRAPHIE-ROUX, RUE MONTGRAND, 12.

1865

os des Membres actifs devra prendre part à ce scrutin. Le
t de convocation devra porter indication du scrutin d'élec-

rt. 6. Lorsqu'il y aura plus de candidats que de places
antes, on choisira parmi eux, à la majorité absolue, celui
candidats qui sera scrutiné le premier. En cas de partage
e plusieurs concurrents, le plus âgé sera préféré.
rt. 7. Le candidat proposé pour être élu Membre actif devra
âgé de vingt et un ans au moins, et sera tenu de présen-
à l'appui de sa demande un travail statistique, qui sera
miné par une Commission de trois Membres. Les Membres
auront proposé le candidat ne pourront en faire partie.
rt. 8. Nul ne pourra être élu Membre actif, s'il n'a résidence
s la commune de Marseille; celui des Membres actifs qui
serait de remplir cette condition entrera de plein droit dans
lasse des Membres correspondants. Dans le cas où il revien-
it de nouveau habiter Marseille, il reprendrait la première
e vacante.
rt. 9. Le candidat au titre de Membre actif, qui n'aura pas
i à un premier tour de scrutin le nombre de suffrages
scrit par l'article 5, ne pourra être proposé de nouveau
près deux ans révolus et dans les formes indiquées par cet
cle.
rt. 10. Lorsqu'un Membre actif aura laissé écouler un délai
six mois sans paraître aux séances publiques, ni participer
travaux et aux charges de la Société, il sera regardé com-
démissionnaire et rayé de droit du tableau, à moins qu'il
fournisse une excuse légitime sur laquelle il sera pris une
ibération.
rt. 11. Le titre de Membre honoraire ne sera accordé qu'à
personnes distinguées par leurs talents ou leur position
iale; ils seront élus aux mêmes conditions que les Membres
ifs, sauf la présentation d'un travail statistique. — Toutefois,
titre de Membre honoraire sera accordé, sur sa demande,
Membre actif qui comptera vingt ans de travaux dans la
iété, ou qui réunira la double condition de soixante ans d'âge
de dix ans de travaux.
rt. 12. Les Membres honoraires auront droit de séance
c voix délibérative sur les matières étrangères à la compta-
ité et à l'administration intérieure. Ils ne pourront être
ujettis à aucun travail, ni à aucune charge de la Société.
rt. 13. Les membres correspondants seront élus, sur la
sentation d'un seul Membre actif, à la majorité des suffrages
blie par l'article 5; ils devront avoir plus de vingt et un ans.
mois suffira entre la présentation des candidats de cette
sse et le scrutin d'élection. — Lorsqu'un membre corres-
dant désirera faire partie de la Société en qualité de membre
if, sa nomination devra être soumise aux dispositions des
icles relatifs aux Membres de cette Classe.
Art. 14. Les candidats au titre de membre correspondant
vront faire hommage à la Société d'un travail dont le Secré-
ire rendra compte. Il ne pourra être procédé au scrutin

ÉTUDES

SUR

L'HARMONIE DES FORMES TERRESTRES.

ÉTUDES

SUR

L'HARMONIE DES FORMES TERRESTRES

PAR

M. LE COMTE H. DE VILLENEUVE FLAYOSC,

INGÉNIEUR EN CHEF AU CORPS IMPÉRIAL DES MINES,

Membre de plusieurs Sociétés savantes.

MARSEILLE
TYPOGRAPHIE-ROUX, RUE MONTGRAND, 12.

1865

ÉTUDES

SUR

L'HARMONIE DES FORMES TERRESTRES.

Existe-t-il des lois régulières dans la distribution des chaînes de montagnes, dans la configuration du thalwegs des vallées, dans les étranges coudes des fleuves, tels que ceux formés par la Loire à Orléans, par le Rhône à Lyon, par le Rhin vers Bâle et vers Mayence? par le Danube à Belgrade, par le Guadiana en Espagne? Quelques règles président-elles aux grandes courbures des rivières; telles que celles de la Theiss en Hongrie, aux méandres des cours d'eau paisible, tels que ceux du lit de la Seine entre Paris et Quillebeuf..?. les grands confluents du cours d'eau comme ceux de la Marne et de la Seine, de l'Allier et de la Loire, de la Save et du Danube près Belgrade, sont-ils les effets de la capricieuse violence des eaux, ou bien celui de régulières coordinations des rochers partant de l'intérieur même de la terre.? La géométrie est-elle donc absente de la forme des continents, des dentelures des côtes, tantôt creusées en golfes profonds, tantôt élancées en caps audacieux?

Faut-il accepter le désespérant aveu consigné dans le Cosmos de Humboldt; « il n'y a pas plus d'ordre dans la distribution des masses planétaires autour du soleil qu'il ne s'en manifeste dans les sinuosités des rivières et dans les lignes brisées des chaînes de montagnes »?

Faut-il proclamer une irrémédiable ignorance de l'ordre universel de la création, en voilant sous le mot de hazard, notre humiliante ignorance et notre intelligence mises en défaut?

Hatons nous de protester contre un langage qui est presque un blasphème: avant Coppernic et Képler le désordre était dans les apparents mouvements des astres. Avant Galilée et Pascal, les mouvements des solides, des liquides et des gaz à la surface de la terre paraissait confus. [Avant Lavoisier, les phénomènes chimiques classés parmi les secrets mystérieux des sciences occultes, paraissaient régis, par des forces incohérentes et les proportions des animaux semblaient insaisissables avant Cuvier.

Tous les grands inventeurs ont tracé leur passage à travers les Siècles en fesant briller la lumière d'une nouvelle beauté découverte, d'une nouvelle harmonie manifestée, ces esprits prévilégiés ont été guidés par une foi vive et persistante dans l'*harmonie* et dans l'*ordre* universels.... Causes finales de la création.

C'est en suivant les illuminations de cette foi, qu'ils ont vérifié le grand oracle des écritures sacrées : Le monde a été créé avec *poids*, *nombre* et *mesure* et chaque terme ajouté à la connaissance de l'ordre général, a été un nouvel hymne adressé à la gloire de Dieu....

Les beautés réelles de l'Univers dépassent toutes les merveilles de l'imagination ; et lorsque nous sommes en défaut, c'est parce que nôtre première conception est trop au dessous de la beauté réelle. Coppernic croyait que les planètes parcouraient des orbites circulaires, la simplicité de la génération du cercle le séduisait ; il ne s'était pas élevé jusques à la connaissance des admirables conséquences des cours, des planètes parcourant des orbites elliptiques et fesant rejaillir à l'autre foyer les reflets de lumière et de chaleur émanés du foyer attractif et lumineux.

Les démentis que la réalité de la création donne à la prévision humaine ne sont donc qu'un appel fait à des conceptions de plus en plus élevées ; et l'homme ne cesse de comprendre que parce que les prodiges de l'Univers sont audessus de ses rèves les plus brillants.

La chaleur et la lumière sans le soleil paraissaient incompréhensibles à nos ayeux ; maintenant ces deux faits sont devenus les principes fondamentaux de la géologie et de la physique générale ...... Les apparents désordres des masses rocheuses qui forment l'ossature de notre sol ne présentent-elles pas, maintenant, l'édifice chaque jour plus régulier de nos formations souterraines ?

Les anomalies des mouvements planétaires ne se sont elles pas coordonnées dans le simple et magnifique système des astres régis par la loi de la pesanteur; qui se fait sentir aussi bien à la surface de la terre, que dans les incommensurables profondeurs des cieux ?

Entre la terre et les astres les plus majestueux, une majestueuse unité se dévoile; pourquoi cette unité serait-elle rompue lorsqu'il s'agit d'expliquer la distribution des inégalités terrestres et le groupement des masses célestes ? pourquoi l'ordre terrestre ne serait-il par le reflet de toutes les grandes relations sidérales ? l'*unité* des lois de l'*attraction* entraine la pensée vers l'*unité* des lois de COORDINATION.

Puisque tous les corps vibrants se subdivisent comme les cordes musicales, en parties régulièrement distribuées, il est évident que si la terre était mise en vibration, elle se subdiviserait à son tour en parties symétriques.

Or, il y a dans l'intérieur même de la terre une cause permanente d'ébranlement. C'est la masse incandescente et liquide de l'intérieur du globe terrestre, qui obéissant aux lois des attractions astronomiques, doit avoir, comme l'Océan superficiel, ses marées réagissant par des flux périodiques sur la croute fissurée qui l'enveloppe.

Les tremblements de terre sont le résultat de l'action de l'intérieur contre la faible pellicule de l'extérieur: Pellicule qui est proportionnellement plus mince que la coquille de l'*œuf*.

Dans les évents volcaniques, on retrouve, ainsi, une cause incessante d'agitation terrestre. Placés dans les vallées ou nous marchons sur des sédiments mêlés de sables et d'argiles molles, qui produisent les effets des *étouffoirs* dans une caisse de Piano, nous ne pouvons apprécier les vibrations amorties par les detritus sédimentaires : nous ne sentons que les ébranlements les plus violents.

Mais le Stromboli dans l'Europe méridionale offre le type des agitations terrestres incessantes.

Dans les volcans de la Cordilière américaine, dans ceux des îles de la Sonde, dans la continuelle ebullition du grand volcan des îles Sandwich, on constate un ébranlement perpétuel.

Et ces agitations sont surtout énergiques dans la zône tropicale, plus directement soumise aux forces attractives des astres dont la résultante est toujours appliquée sur le plan de l'écliptique. Dans le Chili l'oscillation du sol de St-Iago est quotidienne.

Comme les grandes marées, les plus violents tremblements de terre se font, surtout, sentir aux équinoxes et aux époques des Sizygies lunaires, les causes qui favorisent les ébranlements du sol, coïncident, avec celles qui accroissent les intumescences et les ondulations de la mer.

« Si l'on pouvait avoir des nouvelles de la surface ter-
« restre tout entière, on serait probablement bientôt con-
« vaincu que cette surface est TOUJOURS AGITÉE par des
« secousses, en quelques uns de ses points, et qu'elle est
« incessamment soumise à la réaction de la masse intérieure.
« Quand on considère la fréquence et l'universalité de ce
« phénomène, on comprend qu'il est indépendant de la na-
« ture du sol où il se manifeste : même, dans les terrains
« d'alluvion si meubles de la Hollande vers Middelbourg et
« Flessingue, on a ressenti des tremblements de terre.
« Ils se sont produits dans le Granite comme dans le.

« Mica Schiste, dans le Calcaire comme dans le Grès.... Ce « n'est pas la constitution chimique des rochers, c'est leur « structure mécanique qui influe sur la propagation de la « secousse ou des ondes d'ébranlement. »

(Humboldt Cosmos.)

La propagation progressive des tremblements de terre est démontrée par ce qui se passa, le 14 septembre 1797. Le tremblement de terre qui détruisit alors Cumana, franchit le rivage dont la limite avait été jusqu'alors respectée, et vint agiter la presqu'ile de Manïquarès.

Les secousses incessantes qui agitèrent en 1812 et 1813, les vallées du Missipipi, dé l'Arkansas et de l'Ohio, étendaient, à chaque ondulation, leur impulsion vers des contrées de plus en plus septentrionales. Entre New-Madrid, Little Prairie et la Saline-Nord de Cincinnati, les tremblements se succédaient d'heure en heure; pendant qu'aux îles Açores on ressentit 200 secousses et que, l'*ile Sabrina* reparaissant au même lieu que celui où elle avait été vue 92 à 91 ans auparavant, venait dominer de 100 mètres, la nappe marine qui la recouvrait.

L'intime liaison du phénomène volcanique avec les agitations de la mer et de l'atmosphère, avait été depuis long temps observée par les anciens.

Les iles *Eoliennes* étaient évidemment pour eux, le double foyer des tempêtes aériennes et des convulsions terrestres; l'ile de Vulcain (*volcano*) fesait partie des îles d'Eole. (1)

Sous l'influence des tremblements de terre, les agitations

(1) Le tremblement de terre qui ébranla l'Angleterre dans le Sens du Nord-Est au Sud Ouest le 26 septembre 1864, fut immédiatement suivi d'un vent froid qui parcourut l'Europe du Nord au Sud. La terrible tempête méditerranéenne du 15 décembre 1864. arrivait à la suite des nombreuses secousses terrestres, qui avaient, le 13 décembre, agité la region située au Nord de Florence.

des mers ne sont pas moins remarquables que les troubles aériens.

Le tremblement de terre qui bouleversa Lisbonne en 1755, fut ressenti sur les marais littoraux de la *Baltique*, sur les côtes de la *Suède*, du *Canada* et des *Antilles*, sur une surface *quadruple* de celui d'Europe. Une immense marée de 20 mètres de hauteur vint battre les rivages de Cadix; pendant que les faibles marées des Antilles dont la hauteur ordinaire ne dépasse pas 75 centimètres, atteignirent jusqu'à la hauteur de 7 mètres.

Les grandes sources eurent leurs eaux troublées, la belle source de St-Auban, dans le Var, dont la l'impidité est inaltérable, apparut chargée de Limon; les eaux thermales qui ramènent vers la surface, la température des profondeurs souteraines, furent encore plus troublées que les eaux ordinaires.

Les eaux thermales d'Aix, en Provence, furent un instant supprimées et les sources chaudes de Tœplits entrainant avec elles, les matières ocreuses de leurs canaux intérieurs, vinrent inonder la ville.

Comme nous le signalions tantôt, la propagation des vibrations terrestres suit les mêmes lois que celle des ondulations sonores. M. de Humboldt a judicieusement fait observer, dans son cosmos, que les tremblements de terre qui ont duré plus d'une année en Amérique, à la fin de siècle dernier, étendaient leur théâtre d'une manière progressive; de telle sorte que chaque vibration rendait plus facile les vibrations subséquentes :

Absolument comme la caisse d'harmonie d'un instrument de musique devient, de plus en plus, sonore, sous l'influence d'une mise en jeu plus souvent repétée. Un arrangement moléculaire intérieur.... fait naitre une division regulière en lignes *nodales* immobiles et en centres d'oscillation appelés ventres de vibration. C'est précisément ce qui se passe dans un disque vibrant...Et quel que soit le défaut d'homogénéité de la plaque sonore ; au bout d'un certain temps, une division régulière se manifeste par les figures géométriques que tracent les lignes du sable mobile, accumulé, sur les divisions immobiles.

Les remarquables travaux de Savart, sur les plaques et les disques vibrants, ont fait connaitre, depuis un demi siècle, la regularité et la symétrie des lignes agitées et des lignes *nodales* immobiles, sur les surfaces des lames vibrantes homogènes et hétérogènes, organiques et inorganiques.

Les lignes nodales existent, aussi, dans la croute terrestre elles arrêtent la propagation locale des tremblements de terre. L'agitation se communique en deça et au dela de ces *lignes* de repos; lignes que les mineurs méxicains appellent du nom espagnol de *Ponts* (*Puentes*) voyez cosmos....

Les ébranlements terrestres satisfont, donc, à toutes les conditions des vibrations prolongées, dans leur propagation et dans la formation des *nœuds* de vibration. Nous avons déjà remarqué que dans les terrains peu cohérents qui forment le fonds de vallées tertiaires ; les vibrations sont amorties comme dans les étouffoirs d'un piano ; tandis que dans les terrain cristallisés des montagnes granitiques et volcaniques les ébranlements sont communiqués au loin avec toute leur énergie.

Les chaines de montagnes, les grands plateaux sont, les *ventres* de vibration, tandis que les thalwegs des vallées sont les lignes *nodales*. Merveilleux arrangement qui fait naitre la plus grande sécurité, précisément sur les belles plaines, où la fécondité du sol, où les bienfaits des cours d'eau, et la facilité des communications, amènent les plus grandes concentrations de la société humaine !

Si aucune des conditions des vibrations terrestres, n'échappe aux lois générales des ondulations, ne faut il pas que les mouvements des mers et les divisions des montagnes et des vallées satisfassent aux lois générales des subdivisions harmoniques ?....

D'après les belles études de M. l'ingénieur hydrographe Chazallon, sur les marées, celles-ci se divisent comme les ondulations harmoniques, suivant la série naturelle des nombres... Comme se coordonnent, aussi, les combinaisons de la chimie.

La terre, elle aussi, doit satisfaire à ces lois et d'autant plus exactement que l'ébranlement qui l'agite dure depuis un plus grand nombre de siècles.

Ce que nous appellons les révolutions du globe n'ont été que des coordinations de plus en plus regulières ; chaque cataclysme a été un perfectionnement ou un *progrès*. La dernière des révolutions geologiques, le déluge, a été le dernier coup de ciseau donné aux formes de la terre... Sous l'appareil rigoureux du châtiment se cachait un bienfait, comme si c'était la main paternelle qui frappait.

Le secret de ces perfectionnements terrestres se retrouve dans les lois des mouvements vibratoires.

(1) Deux circonstances, deux phénomènes mécaniques caractérisent la propagation des ébranlements : entre deux centres distincts de mouvement et de vibration. La communication la plus immédiate est établie par la ligne droite, les vibrations doivent donc tendre à diviser la surface vibrante en figures simples terminées par des lignes droites.

Or, les triangles équilateraux forment les plus simples de toutes les figures rectilignes, on doit donc retrouver dans les contours des surfaces ébranlées, les éléments d'une série successive de triangles *équilatéraux*. Voilà la ***première loi de subdivision***.

Mais chaque centre d'ébranlement tend à ébranler circulairement tout ce qui est dans sa sphère immédiate d'activité, la

(1) L'impression en petit caractères ne peut-être lue avec fruit, que par les personnes initiées aux sciences mathématiques.

deuxième loi est celle des figures circulaires venant se coordonner avec les triangles équilatéraux : — Une parfaite image des figures ainsi engendrées se trouve dans le croisement des ondes d'un bassin, lorsqu'il y a trois centres d'ondulation existent en même temps.

Il résulte de la coexistence de ces deux conditions mécaniques, que les subdivisons des surfaces vibrantes doivent offrir les perpétuelles répétitions des rapports de longueur entre le rayon ou le diamètre du cercle qui enveloppe le triangle équilatéral lui même, c'est-à-dire la relation 1 : $\sqrt{3}$

Cette relation entre le cercle et le triangle équilatéral correspondant, doit donc être le phénomène dominant des subdivisions acoustique. Or, d'après la loi qui établit que les vibrations des surfaces sont en raison des carrés des dimensions, on est amené à voir que la loi dominante des vibrations doit être la production successive des deux vibrations proportionnelles 1 et 3, si les dimensions ont le rapport 1 : $\sqrt{3}$

L'expérience confirme cette déduction mécanique.

Pourquoi les vibrations harmoniques peuvent-elles *seules* se manifester dans les ébranlements prolongés ? parce que les dissonances correspondent à des mouvements, en sens contraire, qui réagissent constamment, l'un sur l'autre, par l'intermédiaire de l'air élastique, et tendent à se détruire comme des ondes lumineuses qui s'éteignent par leurs interférences ; en tenant compte de la rapidité de transmission, 1.100,000 fois plus grande de la lumière, celle-ci, se comporte comme le son; — et la loi de l'harmonie des sons est la même que celle de l'harmonie des reflets lumineux. Le rapport du rouge au violet est celui de l'ut à la quinte musicale.

L'ébranlement continu produit la régularité des figures, dans l'intérieur même des corps les plus solides.

Le fer des raïls, celui des essieux des wagons locomotives, et cristallise sous l'influence prolongée des vibrations des convois. Les effets de la cristalisation dus aux ébranlements ne se montrent ils pas d'une manière frappante dans les débris, dans la matière des canons qui éclatent après des explosions repétées. ?

M. Henry Deville est parvenu à faire cristalliser des poussières irrégulières en les soumettant à un courant continu de vapeur d'eau qui n'exerçait sur ces poussières irrégulières que l'effet d'un ébranlement rapide et prolongé pendant quelques centaines d'heures. — Or, la cristallisation n'est pas autre chose que la symétrie des figures.

On voit dans tous ces phénomènes, l'ébranlement soutenu, fesant apparaître les arrangements moliculaires qui produisent les figures régulières.

Les feuilles des plantes soumises aux vibrations de la lumière, le développement des animaux, sous l'influence des pulsations intérieures et de la circulation du sang, ne cessent de présenter la forme régulière, comme conséquence de la vibration longtemps répétée.

La symétrie des formes est, dans tous les corps organisés et inorganiques composant l'ensemble de la création, la conséquence de la répétition des mouvements.

Il n'existe point de feuille qui ne présente les traces d'une régularité géométrique, point d'animal, depuis l'humble coquillage immobile jusqu'à l'aigle superbe, au vol rapide, dont les proportions anatomiques ne soient un reflet de grandes lois géométriques de la symétrie, dans les ailes des papilllons et des oiseaux, dans les jambes du quadrupède, dans tous les organes principaux des êtres organisés, les proportions géométriques sont plus rigoureusement observées que dans les parties accessoires.

La géomètrie des formes est la loi générale des figures, elle est le trait-d'union des productions brutes et des chefs d'œuvre de l'organisation, parce que la vibration est la force vraiment universelle du monde.

La vibration n'est pas bornée, comme la pésanteur, aux corps pondérables: elle agit aussi bien et mieux, encore, sur les corps impondérables, mieux sur l'air que sur les lourds métaux, mieux sur l'éther impondérable que sur l'air, elle s'applique aux impulsions attractives, comme aux actions répulsives, aux ébranlements de la matière brute, comme aux pulsations de la vie.

La vibration est vraiment la *loi universelle* de la création et l'harmonie des figures et des mouvements causés par la vibration, est la grande loi finale de tout ce qui existe.

Lorsque des vibrations simultanées ne sont point concordantes, elle s'éteignent promptement en sollicitant des parties adhérentes entr'elles a des mouvements contradictoires, elles font naître ou des parties immobiles ou des *déchirements*, on repéte tous les jours que des sons déchirent les oreilles, n'est-ce pas exprimer avec une précision énergique, les effets et le tiraillements des vibrations discordantes? Les seuls effets durables des oscillations sont ceux qui concordent entr'eux, tandis que les parties animées de mouvements opposés, donnent lieu à des interférences identiques à celles des ondes lumineuses, dont la lutte fait naître l'obscurité.

Les points immobiles forment les nœuds de vibration et la suite de ces points produit les lignes nodales, les lignes nodales sont, donc, aux parties vibrantes, ce que les lignes *obscures* des anneaux colorés sont aux parties lumineuses, et les lignes nodales doivent offrir les mêmes symétries que les bandes obscures des corps irisés.

De la nécessité des mouvements harmoniques, dérive celle desfigures harmoniques.

Or, les mouvements harmoniques sont ceux qui coïncident à des intervalles fréquents; qui sont des subdivisions simples du mouvements principal, les durées des oscillations des cordes vibrantes, des surfaces, des volumes sont proportionnelles aux masses à mouvoir, donc les parties vibrantes doivent être des subdivisions très simples des corps ébranlés.

Les corps ébranlés, en obéissant à la plus grande de toutes les lois de la mécanique, au principe de la *moindre action*, c'est-à-dire du plus grand effet obtenu avec la moindre force dépensée; doivent offrir la subdivision des figures les plus élémentaires. Parmi toutes celles de moindre contour; c'est le rapport de l'unité à trois qui doit apparaître dans les divisions des corps vibrants; parce que le rapport de un à trois est exactement le rapport de la division d'un triangle simple par les droites joignant les extrêmités des arcs de cercle qui se tracent de chaque sommet angulaire jusque au centre de la figure.

Cette conclusion géométrique est confirmée par l'acoustique. Parmi les sons concordants, dus à la subdivision naturelle, le son 3 est expérimentalement celui qui se perçoit le plus nettement après le son fondamental, exprimé par l'unité.

Ainsi, en résumant ce qui précède : les tremblements de terre sont continuels, leurs effets très généraux se font sentir plus énergiquement sur les phénomènes terrestres qui ont leur point de départ dans les grandes profondeurs.

Les lois de symétrie dans les formes terrestres ont leurs causes dans les pulsations des forces volcaniques, elles ont leurs manifestations dans les chaines des montagnes, dans les lignes des rivières et dans les côtes des continents ; dans la direction, les longueurs et les courbures de toutes les lignes de la figure de notre globe.

Avant les magnifiques travaux de M. Elie de Beaumont, personne n'avait attribué la moindre géométrie aux formes des montagnes. Aux travaux de cet illustre géologue, appartient la gloire d'avoir distribué les montagnes en chaines dont les directions combinées forment des figures régulières ; le principe fondamental de la coordination des directions des lignes de faite, a été posé par lui dans les trois directions qui s'établissent autour du centre de la figure triangulaire.

M. Elie de Beaumont avait, ainsi, étudié les directions des angles.... J'ai comparé les longueurs ; ces deux points de vue si différents en apparence, se contrôlent et se vérifient mutuellement de la manière la plus inattendue; car avec un crayon promené sur un globe, on peut aisément se convaincre qu'on ne peut pas tracer une figure, dont la régularité angulaire, n'entraine forcément la symétrie des longueurs. Ainsi, sur une sphère toutes les symétries de distance se traduisent en régularités de directions.

Les directions sont souvent difficiles à saisir, à cause des nombreuses sinuosités et des inflexions des masses principales. Les Pyrénées forment le massif montagneux le plus continu que l'on puisse trouver en Europe, et pourtant, la ligne totale est partagée à ses deux extrémités, en lignes brisées et l'ensemble du massif est terminé, vers le Sud, par une ligne visiblement arrondie comme un arc de cercle.

Mais, au milieu des embarras que fait naître la détermination de direction, on reconnait vite que la longueur des Pyrénées est résumée par la ligne droite qui joint les deux extrémités opposées ; depuis les failles profondes de Fontarabie, jusque aux dernières hauteurs du Cap Creus. -- La ligne qui joint les deux mers, l'Océan et la Méditerranée, et qui marque leur plus courte distance, ne peut pas offrir une incertitude notable dans sa longueur. -- De même les grandes Alpes occidentales, entre les eaux du lac d'Interlaken et les eaux marines du golfe de St-Tropez, forment une longueur aussi bien définie que celle marquant la chaine du Jura, depuis le coude du Rhin vers Bâle, jusque au coude du Rhône vers les confluents du Rhône avec l'Ain et la Saône ; en Provence, la chaine de Montagne de Ste Victoire soudée vers l'Est aux sommités de Barjols, aux crêtes de Cabrières, de l'Achens et du Cheyron n'établit-elle pas une ligne de faite bien déterminée entre l'étang de Berre et la profonde coupure de la rivière du Var ? Le grand massif du Ventoux et de Lure, entre les eaux du Rhône et celui de la Durance ne montre-t-il pas une division terrestre d'une longueur très nettement déterminée ? On peut, donc, étudier le réseau des longueurs des chaines de montagnes, d'une manière plus aisée, encore, qu'on ne compare les directions.

C'est une grande erreur que de croire les chaines de montagnes terminées en monticules décroissant lentement, pour expirer sous les faibles ondulations des plaines. Bien, au contraire, les chaînes de montagnes s'arrêtent à des bornes qui ressemblent à des barrières infranchissables imposées aux intumescences terrestres.

On voit l'épais massif des Alpes occidentales, venir se terminer brusquement dans la Méditerranée, par les hauteurs de la Gardiole et de Port Miou près Marseille; par les caps de Cassis, de l'Aigle vers la Ciotat, de Sicié vers Toulon, et enfin par les bardies dentelures de l'Esterel.

La côte de Nice à Gênes forme par elle même, une chaîne parfaitement arretée dans sa largeur, entre les basses plaines de la vallée du Pô et la série constante d'escarpements s'élèvant rapidement au dessus des profonds abymes de la mer littorale.

La chaîne qui dessine l'arête Nord-Sud de la Corse s'élève avec une merveilleuse audace audessus des gouffres insondables qui s'étendent du Cap Bonifacio au Cap Corse.

Les Asturies ont leur brusque point d'arrêt au cap Finistère; la chaîne des Vosges se termine en grande falaise entre Bâle et Colmar. --La grande chaîne des Alpes principales et Noriques est vivement arretée, au coude formé à Bude par le grand Thalweg du Danube. --Qui ne serait frappé de la netteté des lignes qui préludent à la brusque terminason du cap de la Hogue en Normandie, du cap St-Vincent en Espagne, et du cap Ténare en Grèce ?

Le cap Horn, à l'extrémité de l'Amérique méridionale, et ceux des Aiguilles et de Bonne Espérance, sont des exemples bien plus grandioses que les précédents du caractère énergique des traits de la physionomie terrestre.

Les points d'arrêt des formes proéminentes sont si bien tracés, que la symétrie des longueurs et des directions ne peut pas manquer d'être saisissable.

Les longueurs bien définies se trouvent dans les bras de mer, dans les bassins, tout aussi bien que dans les chaînes de montagnes.

La longueur de la mer Rouge n'est-elle pas nettemen

écrite, sur les limites du détroit de Bab-el-Mandel? La grande vallée sous marine qui règne, jusque à l'immense profondeur de 3,000 mètres, entre Gibraltar et Messine est bien arrêtée à ces deux détroits célèbres.

Les détroits du Sund et du Cattegat, sont les limites évidentes de la mer Baltique, comme le Bosphore est la limite de la mer Noire ; comme le détroit de Béhring est la limite des mers Polaire et la séparation tranchée de l'ancien et du nouveau monde.

Les Isthmes forment aussi des séparations bien accentuées, entre les grandes étendues des continents.

L'Isthme de Suez divise en deux parties bien tranchées l'ancien monde; l'Isthme de Panama partage le nouveau monde, tandis que le détroit de Torrés joue, à son tour, le rôle de frontière entre l'Asie orientale et la nouvelle Hollande.

Les détroits sont, pour les vallées sous marines, ce que sont les Isthmes, à l'égard des plaines terrestres.

Il y a, donc, des limites bien reconnaissables tracées aux vallées sous marines par les détroits, et il y a des divisions bien évidentes des continents dans les Isthmes et dans les détroits, et les lignes qui joignent ces jalons extrêmes sont les longueurs des vallées ou les longueurs des continents, comme les lignes joignant les extrêmités des chaines des montagnes, nous représentaient la longueur des massifs. -- La longueur d'une vallée, la longueur d'un continent seront exprimées par la plus grande ligne droite que l'on puisse tracer dans cette vallée, sur ce continent. Dans les vallées terrestres, on est conduit par une analogie bien frappante, à mesurer la longueur du bassin par la plus longue ligne tracée entre l'extrême embouchure et le point de départ des eaux de la vallée, le plus éloigné de cette embouchure.

C'est, ainsi, que nous aurons la longueur de la vallée du Danube marquée de l'humble source qui le fait naitre dans la Forêt Noire, jusques à l'extrémité de l'embouchure vers la mer Noire. -- Nous obtenons de même l'*axe* ou la ***longueur*** de la vallée de la Seine, dans la ligne droite menée du faîte du Plateau de Langres jusques au cap Hève, à l'extrémité de la bouche de la Seine.

Pour l'axe de la Garonne, on aura la longueur de la droite menée de la tour de Cordouan, soit, au faîte de la chaine des Pyrenées au bassin de l'Ariège, soit, au faite d'où s'écoulent les premières eaux de Tarn, et ces deux axes, si différemment posés, forment pourtant une figure symétrique et ont des longueurs égales.

L'axe de la Loire sera la ligne joignant St-Nazaire, près Nantes, aux montagnes d'où sépanchent les plus lointaines eaux de la Loire et de l'Allier.

L'axe du Rhône sera la ligne qui joint la Furka aux extrémités les plus méridionales du Delta, qui constitue la Camargue, ou bien l'axe partant des Vosges vers Epinal pour aboutir à ce même Delta.--Chacun de ces axes satisfait aux lois spéciales des divers types de symétrie, comme dans les minéraux cristallisés, les types de cristallisation offrent leurs lois caractéristiques.

Quelques incertitudes sembleraient devoir apparaître pour les axes des fleuves qui ont des Deltas plus ou moin developpés et qui s'avanceraient, en apparence, chaque jour, vers des parties plus éloignées de leurs sources.

Mais que l'on étudie les lumineux principes développés dans la géologie pratique de M. Elie de Beaumont, et l'on se convaincra que les vrais limites des Deltas sont formées par les amas sablonneux que cet éminent géologue appelle les Cordons littoraux. Il y a le cordon littoral du Pô, celui du Rhin, celui du Rhône; celui du Nil. Ce sont des limites tracées entre le Domaine maritime et le Domaine fluvial, limites marquées dès l'origine de la Période géologique actuelle et qui ne peuvent tolérer que de bien faibles oscillations en deça et en delà de la frontière régulière. Le cordon littoral du

Rhône forme une bande dirigée de l'Est à l'Ouest à partir des Stes-Maries. Cette bande a été atteinte par les sédiments du fleuve dès les plus anciens temps historiques, l'antiquité de la chapelle de Stes-Maries offre une preuve irrévocable de la vieille existence du sol sur lequel elle est fondée, et l'on voit pourquoi le Rhône ne peut pas aller au delà ; pourquoi, même depuis le temps de St-Louis, le Rhône a été forcé de reporter ses limons vers la plage orientale, bien en dedans de la limite méridionale du cordon littoral.

Au dehors du cordon littoral du Rhône, règne le courant littoral du Nord de la Méditerranée, qui emporte vers l'Ouest tous les limons les plus fins et les plus tenaces, ne laissant que des sables mouvants repoussés par les vents marins vers l'intérieur des terres. Ainsi, à partir du courant littoral, les sédiments sont, en partie enlevés par la mer, en partie refoulés par les vents, de là résulte cette conséquence physique que le Rhône ne peut pas depuis bien des siècles reculer la borne méridionale de ses dépôts et au delà du cordon littoral. Le régime de la mer est si nettement établi que l'on trouve à très peu de distance au Sud du cordon littoral des profondeurs régulières de 70 à 90 mètres.

Le fleuve est ainsi réduit au seul effet de niveler les terrains marécageux intérieurs au Delta et de prolonger vers la partie orientale ses sédiments affaiblis et limités au Nord du vieux cordon littoral. D'après les calculs auxquels nous nous sommes livrés, les envasements annuels du Rhône ne représentent plus que deux pour cent de l'ensemble des limons de ce fleuve, 98 pour cent sont enlevés par le courant littoral et ne peuvent pas accroître la masse du Delta.

Depuis les temps historiques, le Rhône ne cesse de lancer son lit dans le même arc de cercle dont le centre est sur le faîte des Alpes et dont la tangente extrême va de la chaîne de l'Estaque vers l'Est, au rocher de Cette vers l'Ouest. L'accroissement actuel du Deltas, du Nil, du Rhin et même du Pô ne représentent plus que l'infiniment petit des envasements des premières périodes post Diluviennes, et ces envasements s'opérant dans des limites fixées dès les temps anciens ne peuvent pas changer les grands axes fluviaux, force est de conclure que les Deltas ne peuvent pas changer les lois établies sur la régularité des lignes fluviales. Comment se refuser à cette conclusion lorsqu'on voit le Pô le plus limonieux des grands cours d'eau européens offrir un cordon littoral depuis longtemps tracé de Venise jusqu'à Rimini? et la pointe la plus proéminente du Pô ne dépasse pas la longueur que lui assignerait, à partir du point central du mont Thabor, le cercle tracé jusque aux rivages de Rumini, formé par des plus anciennes alluvions du fleuve cisalpin.

Il y a bien des siècles que les limons du Nil ne peuvent pas franchir la pointe de Damiette et que les immenses sédiments du fleuve des Amazones sont bornés par la frontière de l'ile Mayor.

Les lois des longueurs des Thalwegs, bien loin d'être altérées par les fleuves à Delta, reçoivent de ces cours d'eau eux-mêmes une éclatante confirmation.

Les détails dans lesquels nous venons d'entrer sur les limites des oscillations des Deltas, ont une double importance; ils nous font connaitre dans les altérations de la forme terrestre, des limites analogues à celles qui existent dans les éléments astronomiques. Les changements de l'obliquité de l'ecliptique comme tous les autres changements du système planétaire ont des limites dans lesquelles leur variation se développe comme les oscillations du pendule. La découverte de cette grande loi sera l'éternel honneur du géomètre Laplace; et maintenant, nous proclamons la même règle dans toutes les altérations de la figure de notre globe.

Partout éclate avec majesté la régularité des lois du monde matériel, régularité qui nous rappelle l'infinie sagesse du suprême ordonnateur de l'univers. Cette étude nous montre aussi combien sont erronnées les bases des calculs de l'école géologique qui voudrait attribuer au faible accroissement actuel des Deltas, la mesure de la date de la dernière révolution du globe, et faire ainsi remonter cette date jusqu'à une série prodigieuse de siècles.

Lorsque les dépôts limoneux des fleuves se forment dans l'intérieur de leur cordon littoral, les limons s'amoncèlent et s'étendent sans éprouver de déperdition et alors l'invasement marche avec une rapidité prodigieuse. Dans la période actuelle, le Delta du Mississipi se trouve dans ces conditions. Ce Delta s'avance vers l'Est dans le sens du cordon littoral qui serait dessiné de la source du Mississipi comme centre, et suivant le cordon littoral circulaire qui s'étendrait entre la bouche du Rio colorado et le Delta de la rivière Flintz, vers la pointe Appalachicola.

Les progrès annuels du Delta du Mississipi favorisés dans leur extension orientale par le courant du golfe du Mexique (*Golfstream*) sont tels qu'il suffirait d'une période de moins de sept siècles pour donner naissance à l'étendue totale du Delta.

Les limites méridionales de cet avancement du Delta du Mississipi sont indiqués par le cours du *Golfstream*, et cette limite est une bien éclatante confirmation de la loi qui détermine invariablement la longueur des axes fluviaux.

Dans les axes fluviaux on trouve les mêmes lois de longueur et d'inflexions que dans les chaînes de montagnes.

L'axe de la Garonne a la même la longueur que l'axe des Pyrénées et ne diffère de l'axe de la Seine que par une variante dont nous donnerons la loi géométrique.

L'axe total de la vallée du Pô formée de terrains éminemment modernes offre axactement la même longueur que e grand axe du Plateau central de la France; constitué par des montagnes granitiques et par les roches les plus dures, les plus cristallines. Chose bien remarquable ! les masses produites par le feu sur le Plateau central de la France, offrent exactement le pendant des sédiments les plus légers et les plus récents formés par les eaux dans le profond Thalweg de la ligne du Pô.

La grande chaine des Pyrénées et des Asturies mesure exactement la même longueur que l'ensemble des chainons Alpins soudés les uns aux autres, depuis *Nice* jusques à Bude, et la longueur et la figure de tous les chainons Alpins, sont reproduites par la longueur de l'axe du Volga et par la forme du thalweg de son cours principal.

Que l'on mesure les vallées ou les montagnes, que l'on prenne les thalwegs les plus abaissés ou les faites les plus élevés ; On retrouve partout la reproduction des mêmes types, et dans les longueurs et dans les configurations.

N'est-il pas manifeste que les diverses parties du globe offrent des ondulations successives alternativement portées en hauteur, abaissées en profondeur, absolument comme les vagues de la mer ou plutôt comme les ondes sonores dont les condensations et les dilatations se succèdent ?

Ce que nous venons de dire pour les montagnes, pour les vallées, se vérifie avec un degré de précision inattendu ! l'axe de la vallée du Pô depuis le mont Thabor, jusques aux limites extrêmes du Delta est de 462 kilomètres : telle est exactement aussi la longueur de la ligne ménée sur le massif montagneux de la France centrale, depuis le mont Thabor jusques à l'extrémité Ouest du plateau central granitique, vers le bourg de la Rochefoucault. 462 kilomètres est encore la longueur totale des iles Corse et Sardaigne, depuis le Cap Corse jusques aux derniers rivages du cap Teulade, à l'extrêmité méridionale de la Sardaigne. — Nous venons de mentionner l'axe total Corse et Sardaigne, mais ces iles ont aussi leur axe de terrains primitifs. Les Pyrénées, les axes de la Seine et de la Garonne reproduisent la longueur du terrain primitif de Corse et de Sardaigne, depuis le cap Granitique de l'Alciolo en Corse, jusques à l'extrêmité méridionale des terrains primitifs de la Sardaigne, au cap Carbonaro.

Ces iles de Corse et de Sardaigne ne se présentent elles pas au milieu de la partie supérieure de notre bassin méditerrannein septentrional, comme l'étalon offert à nos types géologiques et géographiques? Les iles sont les embryons des continents, ils en sont le premier type, et pour employer la langue des minéralogistes, ne doit-on pas les appeler les *formes primitives* de nos continents?

Il est, maintenant, parfaitement établi par les beaux travaux de M. Elie de Beaumont que les chaines de montagnes sont produites par des soulèvements qui ont leur terme aux limites de ces lignes de faîte. Il en est ainsi des axes fluviaux. — Ils sont limités par des mouvements du sol qui ont leur point de départ dans l'intérieur même de la terre. Les embouchures des fleuves sont signalées par des éruptions de roches qui attestent l'action des forces intérieures sur ces points extrêmes.

Ainsi, l'extrémité du bassin de la Loire est marqué par l'apparition des roches primitives qui resserrent le fleuve. depuis Angers jusques au delà de Nantes, vers St-Nazaire.

Le cours inférieur de la Seine est jalonné par des roches de grès vert qui se montrent successivement à Rouen, à Honfleur, et au cap de la Hève.

Le cours de la Garonne est limité par les soulèvements de la tour de Cordouan et par les roches secondaires de Royans.

L'extrémité inférieure du cours du Rhône est tracé par les masses calcaires soulevées, depuis Avignon jusque au delà d'Arles, au moulin de la Roque, aux masses compactes de la chaine de l'Estaque et au rocher de Cette.

A l'extrémité du cours du Var, apparaissent les roches volcaniques de Biot, d'Antibes et les falaises de Villefranche près de Nice.

Le terme de la rivière d'Argens est placé à l'apparition des terrains primitifs des Maures et des masses volcaniques de l'Estérel.

Le massif dolomitique de Notre-Dame-de-la-Garde, près Marseille, détermine la position de l'embouchure de la petite rivière de l'Huveaune, comme le soulèvement de Ressova est venu déterminer l'extrémité de l'immense vallée du Danube. — Il y a parfaite analogie entre les plus grandes et les plus microscopiques circontances géologiques des ruisseaux et des cours d'eau gigantesques, partout se revèle l'unité du plan divin.

Les confluents des rivières sont les points de convergence des forces qui ont marqué les lignes des cours d'eau partiels.

Le grand confluent de la Saône et du Rhône, à Lyon, est le résultat nécessaire de l'action intérieure qui, fesait apparaître la roche primitive de Pierre Scise, pour réunir dans un défilé commun, les eaux des deux rivières.

Le grand confluent du Rhin et du Mein n'est-il pas signalé par tous les soulèvements de terrains anciens et volcaniques qui environnent Mayence ?

Le confluent de la Seine et de la Marne près Paris est bien le résultat nécessaire de l'apparition des buttes crayeuses de Passy et de Meudon, qui n'ont laissé qu'un lit commun aux deux rivières ; comme le confluent de Montereau est devenu le point obligé des passages de la Seine et de l'Yonne, environnés en ce point de massifs de craie et de calcaire pisolitique.

En Provence, les confluents du Buech et de la Durance, — de cette dernière rivière et du Verdon, ne sont-ils pas imposés par les remarquables défilés de Sisteron et de Mirabeau ?

Les confluents du Danube à Belgrade, ceux de la Loire vers Chinon, montrent les mêmes phénomènes géologiques, les mêmes éléments géographiques ;.. Comme les dislocations de Carcés, en Provence, marquent le confluent de l'Argens et de l'Issolle; comme les gypses et les montagnes soulevées à Roquevaire, fixent la situation du confluent du Berlançon avec la petite rivière de l'Huveaune, avant que ce petit cours d'eau soit entré sur le territoire de Marseille.

Pour les confluents et pour les embouchures, dans de grands ensembles et dans de petits détails, toujours les mêmes lois ; tous les phénomènes géographiques des cours d'eau ne doivent rien aux incertitudes du hasard, tout se rattache à la structure intérieure de la terre. Le phénomène terrestre le plus général est évidemment, celui vers lequel, toutes les observations nous ramènent.

C'est aux influences des vibrations terrestres qu'il faut demander le secret de la structure des fleuves et des montagnes, des continents et des mers, des bassins minéralogiques et des filons destinés aux exploitations industrielles.

Le Phénomène dominant des vibrations des cordes est la division en trois, produisant les deux sons harmoniques 1 et 3 bases de l'accord parfait dans les vibrations sonores. Cette division harmonique appliquée aux surfaces exige le partage en parties qui représente l'une 4 dixièmes, l'autre 6 dixièmes, ou plus exactement 42 centièmes et 58 centièmes plus exactement encore 4,227 dix millièmes et 5,773 dix millièmes. Les plus petits coefficients s'appliquent à la plus petite subdivision de l'axe général. Cette subdivision est celle que nous trouvons entre la Corse et la Sardaigne.

La longueur de la Corse est avec une remarquable approximation, les quatre dixièmes de l'axe général Corse et Sardaigne.

La longueur totale Corse et Sardaigne est, de 462 kilomètres. La longueur de la Corse depuis le cap Corse jusques au cap Bonifacio est de 181 kilomètres, les 4 dixièmes donneriaent 184 kilomètres. La divergence n'est que de un soixantième, en moins.

La Sardaigne, principale subdivision du groupe insulaire, offre les 0,58 6 de la longueur totale : la divergence n'est que de 1|60 en plus.

Ainsi, l'erreur en *plus*, si l'on prend la plus grande subdivision, et l'erreur en *moins*, si lon prend la plus petite, se compensent : elles rentrent, l'une et l'autre, dans les limites des erreurs ordinaires des observations et de l'exécution des cartes.

Il est bien remarquable que la largeur du détroit, entre les 2 iles, correspond aux fractions de centièmes comprises entre 40 centièmes et 42 centièmes.

Mais cette subdivision harmonique, s'applique d'une manière aussi merveilleuse aux plus grandes séries de grandes embouchures présentées par les principaux cours d'eau Européens.

La plus grande ligne fluviale de l'Europe est celle qui s'étend de la bouche de la Garonne ou de la Loire à la bouche du Danube. Elle offre par la subdivision régulière, les distances des embouchures de la *Gironde au Pô*, de la Gironde à la Seine, de la *Gironde* à la *Loire*, de la *Gironde* à la *Sèvre* et enfin de la Gironde à la Charente, pour aboutir à la distance de l'embouchure de la Gironde à la *Seudre*. Les distances des embouchures reproduisent les longueurs fluviales et successivement toutes les longueurs des chaines des montagnes ; les Pyrénées sont, à la fois, représentées par la distance de la Gironde à la Seine et par la longueur de la Gironde ; tout l'ensemble des montagnes jurassiques, entre le Rhin et Toulon, est représenté par la longueur du cours moyen du Rhône, depuis les sources les plus éloignées du Doubs jusqu'au bout du Delta de la Camargue.

La grande unité Gironde et Danube, sera pour nous, le type *minimum* ; tandis que la distance Loire et Danube jusques à l'ile des Serpents, constituera le type *maximum*. La subdivision Gironde-Pô, aura un minimum et un maximum, correspondant à chacun des deux types de l'unité principale.

Nous venons de voir dans la topographie des grands, versants, les rapports dérivés des rayons générateurs ; nous allons voir, dans les positions des embouchures, l'application du rapport du rayon complémentaire du rayon générateur.

Ainsi, en nombre ronds, le rayon générateur, étant représenté par les six dixièmes de la longueur totale, le complément serait de **4** dixièmes ou en chiffres plus précis **0.4227**.

Le Pô est le rayon complémentaire de la longueur totale Gironde Pô *maximum.*

Le Rhin est le rayon complémentaire de Gironde Pô *minimum.* Le rayon du Rhin est aussi celui du plus grand fleuve de l'Espagne ; le cap le plus saillant de la bouche du Tage touche au cercle du Rhin centre Gironde.

La *Seine* est, à son tour, le rayon *complémentaire* du triangle *Gironde, Pô, Rhin*, dont la distance Gironde-Pô est la base, de sorte que le système du cercle du Mont-Blanc forme avec celui de la Seine, un groupe de *cercles* CONJUGUÉS : — c'est-à-dire que les rayons de ces deux cercles forment par leur addition le côté total du triangle équilatéral.

Fidèles aux lois de l'induction, appliquons aux continents les moyens de comparaison des longueurs, moyens employés déjà à l'égard des chaines de montagnes et des vallées, en mesurant par les lignes les plus *directes*, leurs plus grandes dimensions. Ces plus courtes distances des points les plus extrêmes des continents, nous donneront ainsi les *axes continentaux*: l'axe de l'*ancien monde* sera l'arc de grand cercle mené de Béhring au cap de Bonne Espérance. **147** degrès, **936.**

L'axe *du nouveau monde* sera l'arc de grand cercle mené de Behring au cap Horn. **143** degrès **588**. Ces deux longueurs diffèrent à peine de *un trente quatrième.*

Ainsi, relativement à Behring pris pour *Pôle*, les deux

continents formant les 2 masses principales de la terre, sont embrassés par une mince bande circulaire, et se terminent en pointe à l'opposé de Behring, pour y montrer le dernier effet des forces soulevantes atténuées.

Une troisième masse terrestre se sépare des deux grandes surfaces continentales ; et s'en distingue par sa forme allongée au contraire dans le sens, de l'Est à l'Ouest, suivant les parallèles du pôle Behring : c'est la Nouvelle-Hollande qui forme cette région.

Cette troisième masse continentale semble séparée en 2 parties égales par deux échancrures profondes qui la terminent au Nord et au Sud ; la ligne séparative menée par ces échancrures correspond à un *trosième* axe *continental* qui, partant de Behring, limite à la fois l'*Amérique du Nord*, et l'*Asie* vers leurs frontières orientales.

Chose bien remarquable ! Ces trois axes continentaux : *axe* de l'*ancien monde*, axe du nouveau *monde*, axe *de la Nouvelle-Hollande*, se partagent également l'espace de 360 degrès autour de Behring. —

Les trois axes continentaux, separés régulièrement par trois angles de 120 degrès, se manifestent comme trois fractures se dérigeant vers les trois sommets d'un grand triangle équilateral, dont Behring serait le centre : ces trois fractures dessinant ainsi trois sommets d'hexagones réguliers et satisfont à la loi du fracture de moindre contour, loi déjà signalée par M. Elie de Beaumont.

Les rayons du cercle circonscrit à ce grand triangle équilatéral terrestre, sont les axes de l'*ancien* et du *nouveau* monde. En conséquence, Behring est pour les *longueurs*, comme pour la régularité des *angles*, le centre général de la figure symétrique des continents !

L'extrémité Sud des continents de l'ancien et du nouveau monde est en rapport avec la circonférence totale de la terre, de manière à satisfaire à la grande loi de la division harmonique; l'axe de l'ancien monde est un peu plus de *quatre dixièmes* de toute la circonférence terrestre et laisse à la partie restante la subdivision harmonique des *six dixièmes*.

Le détroit de Behring, *centre* de la symétrie *angulaire*, et de la *symétrie* des longueurs des masses terrestre, ne doit il pas être le centre de coordination de toutes les portions essentielles de la figure terrestre ? Cette conséquence se vérifie encore.

Les trois principales subdivisions des masses terrestres sont l'Isthme de *Suez*, l'Isthme de *Panama*, et enfin le *détroit* de Torrès qui sépare par un faible bras de mer la dernière des iles Asiatiques, la Nouvelle Guinée, de la Nouvelle-Hollande.

Les deux Isthmes célèbres et le détroit de Torrès, ces trois grands traits de la subdivision des masses terrestres, sont sur un même cercle dont le centre ou le Pôle est toujours Behring.

C'est bien avec raison que ce cercle des Isthmes doit être appelé le cercle de la division harmonique des surfaces terrestres, car le rayon de ce cercle un peu inférieur aux six dixièmes des axes continentaux correspond à la vibration 3, lorsque les grands continents donnent la vibration 1. Le cercle des Isthmes reproduit la division harmonique dominant. Le cercle harmonique des Isthmes subdivisé lui même harmoniquement, produit le remarquable cercle volcanique de l'Islande et des iles *Sandwich* : dessinant ainsi la région des plus grands ébranlements souterrains de l'hémisphère Boréal.

Le cercle qui, appuyé sous le Pôle Behring, limite, au Sud, la Nouvelle-Hollande et la Nouvelle-Zélande, vers les caps de Diémen et de l'Ile Auckland, termine la plus grande masse de l'Amérique Sud ; et correspond à la subdivision harmonique de la tranche essentiellement marine du globe; assignant, ainsi, à la partie *émergée* de la terre une surface égale au tiers de la surface immergée. Le cercle limite de l'Australie tracé, à partir du pôle Behring, offre l'expression, géométrique suivant les lois de la division harmonique, de ce résultat général bien connu : la *surface* des mers est *triple* de la surface des terres; en d'autres termes, la surface solide ne correspond qu'au *quart* de la surface totale de notre globe.

La symétrie des formes terrestres se manifeste dans tous les traits essentiels de dessin général, ainsi le cercle qui tracé de Behring, montre à la foi l'inflexion du continent de l'Amérique méridionale et son plus grand développement depuis les colossales hauteurs de l'Illimani jusqu'au Cap San Roque, est aussi le cercle qui trace l'inflexion du continent Africain et l'échancrure australe de la Nouvelle-Hollande ; c'est véritablement là le parallèle des inflexions et des échancrure des continents méridionaux.

Les trois grandes Méditerranées du globe, la Méditerranée proprement dite, le golfe du Mexique et la mer de Chine, s'appuyent toutes trois sur le parallèle des Isthmes.

Les grandes chaines de montagnes de l'ancien monde; l'Himalaya, le Caucase et les Alpes sont aussi placés sur une même bande circulaire appuyée sur le pôle Behring.

La symétrie, autour de Behring, se manifeste dans tous les détails des formes; elle se mantient dans les chiffres des divisions harmoniques.

Notre figure de la terre en mettant en évidence le cercle Median des continents, passant par le haut de la vallée de l'Euphrate, ne donne-t-il pas encore une explication bien inattendue des traditions historiques et des travaux de l'inguistique qui placent aux sources de l'Euphrate le point de départ des migrations destinées à aller se répandre sur la surface terrestre? N'est-il pas évident que c'est de là que les colonies voyageuses avaient le moindre trajet à faire pour atteindre les deux extrémités équidistantes des terres?

Le détroit de Behring centre de la symétrie continentale, ne peut pas manquer de se lier aux grandes influences astronomiques qui agissent sur l'intérieur et l'extérieur de la terre. Or, les actions de tous les astres qui sollicitent notre planète ont constamment leur résultante dans le plan de l'écliptique : c'est donc, dans ses rapports avec les limites des diverses positions de l'écliptique, qu'il faut étudier les raisons de la position de Behring, considéré comme centre de symétrie.

D'après les beaux travaux de l'illustre Laplace, l'écliptique oscille sur un angle voisin de 24 degrés formé avec l'équateur terrestre.

La limite australe de cet angle de l'écliptique est marquée par la série des iles de la Polynésie, qui s'étendent de la nouvelle Hollande jusqu'aux iles Gambier.

Ces iles, effets des soulèvements les plus récents, puisqu'elles sont assises sur des rescifs volcaniques couronnés de coraux, ces iles dessinent les limites d'un cercle qui serait précisément *l'équateur* dont *Behring* est le *Pôle*. Voilà Behring déterminé par la coïncidence de la figure de la terre et par l'astronomie. L'époque où l'angle de l'écliptique obtenait à la valeur moyenne de 24 degrés, répond à la plus récente période des révolutions du globe; elle est, par le calcul astronomique, fixée à la date de 4,000 ans! C'est le chiffre auquel les admirables travaux de Cuvier, d'accord avec les traditions historiques, portent le dernier du cataclysme terrestre! Est-il besoin d'ajouter que Behring est placé sur l'un des principaux cercles harmoniques de la terre, et que les oscillations de l'écliptique satisfont à la même loi des dérivations harmoniques ?

Ne voit-on pas enfin le détroit de Behring, entouré par l'auréole volcanique des iles Aleutiennes, formant autour du grand centre de symétrie de la terre, une remarquable Pleïade elliptique de foyers lumineux et vibratoires. Le volcan du mont St-Élie et le volcan du Kamts-Chaka, rattachent les cratères aleutiens aux deux continents de l'Asie et de l'Amérique.

La symétrie des formes terrestre est le résultat incontestable des observations et du calcul, et cette symétrie dérive de la plus générale des lois des mouvements : celle des subdivisions harmoniques des corps vibrants.

Que l'on considère les continents dans leur ensemble, que l'on étudie en détail les formes des faites des montagnes, la figure des thalwegs, des vallées, partout on retrouve la même loi, celle de la *subdivision harmonique*. Dans la vallée de la Seine, le confluent de la Marne est la subdivision harmonique de l'axe général de la Seine. Dans la vallée du Danube le confluent de la Save, à Belgrade, est la subdivision harmonique de la grande vallée du Danube; et si l'on considère la grande ligne fluviale qui joint l'embouchure de la Gironde à la bouche du Danube, par une série de subdivisions harmoniques, on obtiendra les embouchures du Pô, celle de la Seine, de la Loire, de la Sèvre et de la Charente.

Les sédiments aqueux comme les rochers plutoniques, satisfont aux mêmes lois, car les limites des sédiments ont été déterminées par les frontières des bassins et celles-ci sont dues aux effets du foyer central de la terre.

Les filons produits par les influences des sources minérales, comme les bassins houillers, offrent dans leur principale coordination, des lois mathématiques qui pourront devenir le fil conducteur des exploitants. — Ce qui n'était que le domaine exclusif de l'observation empirique, rentrera désormais sous les lois du calcul et de la géométrie : Car l'harmonie universelle des formes, est la conséquence de la *vibration universelle*.

Le point de vue pratique de la question que nous venons d'étudier est-il plus à dédaigner que les considérations de beauté spéculative tirées de l'observation de la symétrie terrestre ?

Les lois qui portent l'empreinte de la sagesse de Dieu, nous fournissent aussi les plus efficaces moyens d'être utile aux hommes.

Le monde entier était, aux yeux des anciens, une harmonie si bien ressentie que le nom même de *Cosmos* donné par eux au monde, signifie *harmonie*. — Notre étude actuelle n'est qu'une nouvelle vérification sérieuse des harmonies divines par Pythagore, exposées par Képler, et chantées par tous les poètes sacrés.

VUES GÉNÉRALES.

—

Jusqu'à ce jour, la Géographie était restée un recueil de faits étrangers à toute règle, et inaccessibles aux déductions du raisonnement. Nous venons esquisser les lois qui permettent de reconnaitre de merveilleuses harmonies, au milieu des apparences de la confusion.

Nous montrons que les diverses portions des chaines de montagnes et des vallées, des rivages et des grandes lignes continentales, sont assujetties aux mêmes lois de symétrie que les subdivisions de tous les corps ébranlés par les vibrations musicales.

Les vibrations du globe terrestre, sont manifestées par les tremblements de terre.... Ces trépidations sont continues et se transmettent comme les ondulations sonores. Elles font naitre des subdivisions régulières des parties *immobiles*, et des parties *agitées*. Les portions immobiles représentées par les lignes profondes des vallées, sont les NŒUDS de vibrations;... tandis que les montagnes, sont les parties agitées correspondantes aux VENTRES de vibration.

Les montagnes, comme les vallées, se terminent ordinairement d'une manière brusque, à des limites qui assignent des bornes, généralement bien tranchées, aux longueurs des chaines de montagnes et des vallées.

Les points remarquables des vallées sont ceux où se réunissent plusieurs vallées secondaires qui déterminent ainsi, les confluents des cours d'eau.

Les derniers points de convergence des vallées sont les *embouchures* fluviales. Les limites géométriques des embouchures se reconnaissent, mêmes, dans les cours d'eau terminés par des Deltas; quoique les sédiments des rivières fassent varier la forme de quelques parties des Deltas. Les limites de ces amas de limons se renferment dans des lignes tracées, dès l'origine des envasements.

Les lois de symétrie des vallées sont les mêmes que celles des chaines de montagnes, les mêmes que celles des longueurs et des inflexions des rivages : les mêmes que celle des lacs, des bassins houillers et des sédiments, les mêmes enfin que celles des groupes volcaniques.

Toutes ces lois de symétrie se rattachent à celles des corps sonores, qui se partagent spontanément, de manière à produire les sons harmoniques.

La base des formes symétriques terrestres, est dans la division mécanique, qui produit l'accord parfait, dans l'harmonie musicale et dans les ondulations lumineuses.

Cette base est formée, essentiellement, par la subdivision en *tiers* et en *cinquième*, dont on retrouve l'origine dans les rapports du triangle régulier et du cercle....

Ce triangle qui est l'expression matérielle de la Trinité-Divine, ...et le nom de Dieu est écrit en traits éclatants sur la terre et dans les astres.

Le reflet du triangle mystérieux se manifeste dans les formes terrestres, dès que l'on se pose sur le détroit de Behring : comme sur le centre et le point de départ des plus grandes lignes continentales.

Toutes les parties importantes des continents se trouvent alors disposées régulièrement, et rattachées entr'elles par des cercles harmoniquement disposés. Tous les Isthmes, placés sur un même cercle autour de Behring, font naitre, entre les continents, la subdivision correspondante au principe de l'harmonie des vibrations sonores.

L'unité de mesure, qui se reproduit dans l'ensemble des longueurs terrestres formées par le type des iles Corse et Sardaigne, a son point de départ dans le plus lent et le plus général et le plus continu de tous les mouvements terrestres;

dans la variation de l'angle que l'écliptique forme avec l'équateur terrestre. (1)

Et la latitude du détroit de Behring correspond à la limite qu'occupait la zône polaire, lorsque l'angle de l'écliptique était vers sa valeur moyenne très voisine de vingt-quatre degrès.

La date de la dernière révolution du globe doit être apportée vers l'époque où la vitesse de l'annuelle variation de l'écliptique était au maximum ; la date de ce grand phénomène nous reporte à quatre à cinq mille ans, avant la période actuelle. C'est là l'époque à laquelle nous devons reporter le grand cataclysme du déluge . . . . L'étude des formes terrestres ne donne-t-elle pas, ainsi, une confirmation inattendue de la chronologie biblique ?

Incessante variété dans les formes, dans les positions, immuabilité dans la cause productrice, toujours les plus grands effets avec les moindres forces dépensées...... Voilà le résumé de toutes les lois de la création ; et de la grande cause finale qui préside à la coordination de l'univers.

(1) Répartie sur une durée de près de 70,000 ans.

Symétrie des Embouchures des

Distance des embouchures
Carte d'Etat-Major.
Millimètres

Distance Maxim.	Loire et Danube (jusqu'à l'île		1032
Moyen.	Gironde et Danube (des Serpents		1000
Minim.	Gironde jusqu'à la bouche du Danube la moins distante.		979
Maxim.	Gironde et extrême embouchure du Pô	1032×0.4227	436
Moyen.	Gironde moyen. id.	1000×0.4227	422.7
	Gironde minim. id.	979×0.4227	413.8
Maxim.	Gironde Seine	$1032 \times C^2$ ou $1032 \times (0.4227)^2$	184.04
Minim.	Gironde Seine	$979 \times C^2$	175
Maxim.	Gironde Loire	$1032 \times C^3$	77.92
Minim.	Gironde Loire	$979 \times C^3$	73.91
Maxim.	Gironde Sèvre	$1032 \times C^4$	32.92
Minim.	Gironde Sèvre	$979 \times C^4$	31.23
Maxim.	Gironde Charente	$1032 \times \frac{C^4}{\sqrt{3}}$	19.
Minim.	Gironde Charente	$979 \times \frac{C^4}{\sqrt{3}}$	18.01
Maxim.	Gironde Seudre	$1032 \times C^5$	13.73
Maxim.	Gironde Royans	$1032 \times C^6$	5.88

La Loire a une embouchure plus large que la Seine.

Pour obtenir le cercle qui passe par l'embouchure supérieure il suffit d'ajouter C^6 chiffre de la bouche de la Gironde.

Le Rayon générateur du grand triangle, Pô-Gironde, donne le cercle qui dessine les Alpes occidentales, passe par le mont Blanc et toute la partie septentrionale des côtes de Cornouailles jusqu'au Cap Lands End.. . . . . R =

La bouche de la Vilaine se déduit du cercle de la Seine.

La Symétrie des embouchures change de centre au delà du Pas-de-Calais. correspondt au rayon générateur mont Blanc....

Les embouchures de l'Escaut et de la Meuse se coordonnent au sommet du triangle Rhin.

Les fleuves Espagnols suivent la coordinationdes embouchures au delà du Pas-de-Calais.

Le cercle Rhin, centre Gironde,		donne	la bouche du Tage.
Le cercle Meuse	id.	id.	la bouche du Duero.
Le cercle Wéser	id.	id.	Quadiana Guadalquivir
Le cercle Elbe	id.	id.	détroit de Gibraltar.

Enfin, centre Gironde-Somme donne Ebre et côtes Sud d'Angleterre, le coefficient en $\left(C^2 + \left(\frac{1}{\sqrt{3}}\right)^2\right)$ C.=0, 2162. La longueur sur la carte géologique de France est d'après le calcul, = 268 millimètres.

fleuves de l'Europe centrale.

des fleuves Européens

Carte Géologique. Millimètres	Coefficient Numérique.		Coefficient Algébrique.	
1239.6 1204.» 1176 »	différence extrême sur 1000 0.0514			
524	0.4227	=	$\frac{\sqrt{4}-1}{\sqrt{3}}=C$	
508	id.	=	id	
497.32	id.	=	id.	
221.28	0.178.6		C^2	
210	id.		id.	
93.66	0.075.5		C^3	
88.84	id.		id.	
39.50	0.0319		C^4	
38.10	id.		id.	
22.81	0 0184		$\frac{C^4}{\sqrt{3}}$	
21.68	id.		id.	
16.74	0.0135		C^5	
7. »	0.0057		C^6	
100.66	0.0761		$(C_3 \times C^6)$	
302	$C \times 0.2440$		$\frac{C^1}{\sqrt{3}}$	Le même rayon générateur qui, de la Gironde passe au plus haut sommet des Alpes, donne la position du Rhône et de la grande inflexion du Rhin au Sud de Mayence.
117.4	0.0955		$C^2 \times (\sqrt{3}-1)^2$	

Comme la subdivision harmonique du ***Danube***. Les subdivi
précision et par la manifestation de toutes les grandes lois de
Lorsque la Seine représentée par S. =221m. 5 ; la distance

En mesurant, dans le premier cas, l'intervalle de la source
et dans le second cas, en prenant la distance de l'embouchure
Si l'on exprime la Seine minimum par Si. = 200m, on trou
atteint le confluent de l'Oise vers Poissy ; et, en partant de la
confluent de l'Armençon et de l'Yonne à la Roche.

Axes des diverses

Le Danube Maximum = 2 Rhin Maximum = 4 Seine Minim.
Danube Minimum = 2 Rhin Minimum.

Axe fluvial du Danube 1° de la source dans la Forêt Noire à l'extrême embouchure.
2° De la source de l'Inn à la bouche . . . .
3° Axe Minimum du lac de Constance à la bouche . . . .
Rayon générateur du Danube Maximum. Confluent de la Theiss mesuré de la source à ce confluent. . . . .
Axe de la Theiss longueur égale au quart du Danube total. . . . .
Axe de la Save . . . .
Rayon générateur de l'arc de cercle formé par la Theiss . . . .

Rayon complémentaire du Danube Confluent de la Save à Belgrade. . . . .
La longueur du Danube à partir de la source de l'Inn, est. .
Le rapport du Danube maximum et Danube-Inn, est 0.9226.
Longueur de l'axe de l'Inn moitié du rayon complémentaire du Danube.
Confluent de la Morava à Semendria, rayon complémentaire du Danube Inn.
Longr de la droite joignant la bouche du Dauube au centre de la Théiss. Axe Danube 831 × (1 — 0.732) ou 831 × 0. 268

sions harmoniques de la *Seine* se font remarquer par leur coordination.

exprimée par la formule $\frac{S}{\sqrt{3}}$ se montre — :

1° au confluent de la Marne avec la Seine.

2° au confluent de l'Yonne avec la Seine.

de la Seine sur le plateau de Langres, au confluent près Paris; au confluent près Montereau.

ve que, à partir du plateau de Langres, la longueur $S^1(\sqrt{3}-1)$ bouche de la Seine, la longueur $S_1(\sqrt{3}-1)$ = 146m. aboutit au

parties du Danube.

Echelle de la carte d'Europe d'État-major.	Echelle des longueurs de la carte géologique de France Calcul.	Mesure.		écarts absolus	écarts relatifs
691	Maxim.	831 demi Danube=415.5—		+2.50	= Rhin Maxim.
		77048			
	Minim.	759.8	=379.8	--1.02	= Rhin Minim.
399	479.73	481.2 = (A)		+1.47	+ 0.0030
	207.75	208.29		+0.54	+ 0.0022
231	277.	277.66		+0.66	+ 0.0024
133	159.91	159.86		--0.05	-- 0.0003
	m.	m.			
	351.26	349.8 (B)	(A) +(B)=831	--1.46	-- 0.0044
		770.48			
	175.6	176.7		+1. 1	+.0.0063
	325.	330.55		+5.55	+ 0.0170
	222.7	222		--0.70	0,0032

Au confluent de la Drave, correspond un demi axe du Danube placé entre l'embouchure et ce confluent.

Le confluent de la Theiss devrait être à une distance $2\left(831 \times (1-0.732)^2 - \frac{831}{2}\right.$ ou encore 831×0.43.

ou $831 \left.\frac{4(1.-0.7321)^2}{2}\right)$

La distance 831 mill. de la bouche du Danube à sa source est celle de l'embouchure aux dernières hautes cimes des Alpes la jung frau et le mont Rose.

De l'île des Serpents extrême bouche du Danube, au mont Blanc le cercle decrit avec un rayon égal à la distance Loire Danube $D \times (\sqrt{3} - 1)$— passe aux extrêmes cimes mériodionale des Vosges.

Axes fluviaux et

Danube entre le Thalweg du Rhin et l'île des Serpents	$1176 \times 0{,}732$
Danube depuis la source de la Forét noire jusqu'au bout du Delta.	1176×0.707

—

Gironde et Pô maximum	$1239 \times \frac{\sqrt{3}-1}{\sqrt{3}}$
Gironde et Pô minimum	$1176 \times \frac{\sqrt{3}-1}{\sqrt{3}}$
Rhin — Maximum du Splugen à l'île d'Amelan.	$\frac{1239}{3}$
id. des affluents de l'Oberland à l'île d'Amelan.	$\frac{1176}{3}$
id. du St-Gothard à id. . .	

415.5 415.88 +0.38 0.0009

356.3 360.21 +4.09 + 0.0115

Moyenne des écarts sur 10 chiffres.
0.035 = 0.00354

906.85 891.88 --14.97 1 -- 0.0165

axes de montagnes.

Calculé.	Mesuré.	
860.	861	
831	831	Longueur des Alpes principales du coude du Rhône à St-Genés, à celui du Danube à Bude.
	524	Longueur de la chaine des Pyrénées Asturies, du cap Creus au cap Finistère.
	497	Longueur de la chaine des Pyrénées Asturies du cap Creus au cap Ortégal.
413	410. 6	Longueur des Alpes principales de la *Iungfrau* à BUDE. (414)
390	390	Longueur de la chaine totale des Alpes principales du mont Blanc à Bude 468,70 = 2 axes Corse et Sardaigne = 2 Rhône = 2 Pô.
	380	

Rhin jusqu'à l'embouchure principale dite de la Meuse en partant du Splugen. . . . .

Meuse du départ sur le Plateau de Langres jusqu'à l'embouchure . . . .

Rayon du grand cercle de la ligne de faîte passant au mont BLANC . . . . $\frac{524}{\sqrt{3}}$

Loire . . . . 524 × 0.535

Calcul de a longueur de la Loire par le triangle Loire et Pô . . . .

Rhône maximum à partir de la source de la Saone, jusqu'à l'extrémité du Delta . } 497.3 × 0.535

Rhône à partir des plus lointains affluents du du Doubs. $= \frac{282 \sqrt{3}}{2}$ . . . .

Rhône à partir du glacier de la Furka . . . 497 × 0.467

Pô à partir du mont Thabor jusqu'aux derniers alluvions du Delta . . . . id.

Demi longueur de la Loire = la Saône de son départ des Vosges jusque à Lyon. . . . .

Seine maximum . . . . 524 × 0.4227

Seine moyenne — par l'Aube. . . . . . 497 × 0.4227

Seine dernier minim. à la source vers Chatillon. 115.5 × 1.732

Seine » à la source de l'Yonne. . . . . .

Gironde maximum donné par la source du Gers jusqu'à la tour de Cordouan.

(Variante de cette longueur = le Guadalquivir 205) donnée par celle du Tarn jusqu'à la tour de Cordouan. .

Gironde minimum vers Castelnaudary . . . .

Tage du départ jusqu'au cap Cascao . . . .

Duero. . . . .

Guadiana. . . . .

ÈBRE . . . .

363. 6 Longueur de la chaine des Alpes entre la source de l'Inn et *Bude*.

221. 5

302

280. 3

283. 5 282. 5

266 Longueur de la chaine du *Jura* partie extérieure de Belfort à Toulon.

243. 7 Longueur de la chaine du *Jura* partie intérieure du confluent de l'Aar à St-Tropez.

231 } Longueur de l'axe du *plateau central* de la France de Nontron à la source du Pô.
id. }

141 Longueur de la chaine des *Vosges*. Des Vosges au Jura intérieur le rapport des axes est 1 à $\sqrt{3}$.

221. 5 220
210 210
200 (1)
200

198

200 (1) Longueur de l'axe de chaine *extérieure des grandes Alpes* et de la chaine des PYRÉNÉES.

= Longueur du rayon générateur des Alpes principales correspondant au triangle appuyé sur la ligne de la Gironde au mont BLANC.

174.6 174

363. 6 363

283. 5 288

266 270

243. 28 243. 28

Corse et Sardaigne de l'île Giraglia au cap Spartivento point le plus éloigné de la Sardaigne . . . .

Subdivision de la Corse et de la Sardaigne
Rayon générateur de l'axe total donnant la longueur de l'île de Sardaigne tout entière. . $234 \times \frac{1}{\sqrt{3}}$

Longueur de la Corse . . . . 234×0.40

Largeur du détroit . . . . 234×0.0227
Corse plus détroit ou *Rayon complémentaire* . 234.39×0.4227
Sardaigne plus le détroit. . . . . 234.39×0.600

Rayon générateur augmenté de moitié en hauteur du triangle équilateral. . . . . . . 135.52×150

Maximum de l'axe primitif de Corse et Sardaigne. . . . .

Ce maximum diffère de la valeur précédente du coefficient 0.042 qui donne le dixième du coefficient exprimant le *rayon complémentaire*. 203.28×1.042

* Echelle de $\frac{1}{2,000.000}$ comme celle de la carte géologique de France; il est possible que la divergence de 3 millimètres entre la longueur du Pô et la longueur Corse et Sardaigne provienne, en partie, du retrait inégal du papier des diverses cartes.

Calculé.	Mesuré.	
	Millim.	
234.39	234.39	Excède de 3 millimètres, la longueur du Pô et celui du Rhône minimum la divergence est 1/75. 2 fois Corse et Sardaigne est exactement l'axe des Alpes principales du mont Blanc à Bude.
135.52	135.75	Excède de 2/ millimètres, la moitié du Rhône maximum. L'accord entre la mesure et le résultat du calcul est prodigieux !!
93.75	94	Egale la distance de la Gironde à la bouche de la Loire.
5.13	5	
98.87	99	
140.64		Egale l'axe maximum des Vosges = le rayon minimum du Jura ou du Rhône suivan le Doubs.
203.28	204	Du cap de l'Alciolo (Corse) au cap Carbonara (Sardaigne.) Seine minimum = Gironde maximum = axe des Pyrénées.
212	211.70	Du cap de l'Alciolo au cap Spartivento Sardaigne = l'axe moyen de la Seine qui est 211 millimètres, d'après la carte géologique de France et de 175 millimètres, d'après la carte d'Europe de l'état major.

Rapports harmoniques des Parallèles correspondants au Pôle Behring.

Note	Lougueur de la corde	Longueur en décimales	Dimension linéaire des aires correspondants aux cordes		Longueur en degrés.	Cercle de la carte. (1)
ut	1	1.000	1.000		148°	Cap Aiguille, ext. d'Afrique
ré	8/9	0.8888	0.9428		139° 5	Malouines
mi	4/5	0.8000	0.8944		132° 37	Chiloë
fa	3/4	0.7500	0.8660	$= \frac{\sqrt{3}}{2}$	128° 16	Ste-Hélène
sol	2/3	0.6666	0.8159		120° 75	M. Geraës et limite d'Australie.
la	3/5	0.6000	0.7746		114°64	Rio
si	8/15	0.5333	0.7320	$= \sqrt{3} - 1$	108° 33	inflexion cercle vert
ut²	1/2	0.5000	0.7071		104° 65	limite intérieur de l'inflexion
ré²	4/9	0.4444	0.6666	$= \frac{2}{(\sqrt{3})^2}$	98° 66	Lac Tchad
mi²	2/5	0.4000	0 6320			
fa²	3/8	0.3750	0.6110		90° 28	Equateur de Behring
sol²	1/3	0.3333	0.5773	$= \frac{1}{\sqrt{3}}$	84° 44	Isthmes (Rayon générateur de l'axe continental principal.)
la²	3/10	0.3000	0.548 à 536	$(= \sqrt{3} - 1)^2$		
si²	4/15	0.2666	0.5464		76° 42	Cap Bon
ut³	1/4	0.2500	0.5000	$= \frac{1}{2}$	74°	axe du Tage
ré³	2/9	0.2222	0.4714 à 0.4640	$= 1 - (\sqrt{3} - 1)^2$	68° 70	Limite des montagnes
mi³	1/5	0.2000	0.4472		66° 18	Bretagne
sol³	1/6	0.1666	0.4082		60° 41	Cercle vert
	1/7	0.1425	0.378		55° 94	
	1/9	0.1111	0.3333	$= \left(\frac{1}{\sqrt{3}}\right)^2$	49° 33	Cercle volcanique
	1/14	0.07177	0.2679	$(2 - \sqrt{3})^2$	40° 64	
	1/12	0.0156	0.12525	$= \frac{1}{8}$	18° 50	Iles Aleutiennes

(1) Il s'agit, ici, de la carte de la figure de la terre développée à l'horizon de Behring.

Rapport des éléments astronomiques de la terre avec les formules qui lient le triangle équilatéral au cercle circonscrit.

Angle de l'Ecliptique calculé par la formule établissant le rapport du diamètre du cercle circonscrit avec le triangle équilatéral qui correspond à ce cercle.

L'angle moyen de l'écliptique est de 24 degrès le rapport de cet angle à la distance du Pole à l'équateur, 90 degrès.

est $\dfrac{24^o}{90^o} = 0,\ 26666.$

$2 - \sqrt{3} \quad = 0,\ 26795.$ Le rapprochement des deux valeurs est à 1/80 près : l'écart en *moins*. La variation de l'écliptique a pour amplitude totale 6 degrès 6 dixièmes.

Le rapport de cette variation à l'angle de l'écliptique

est $\dfrac{6^o\ 6}{24^o} = 0,\ 275.$

$2 - \sqrt{3} \quad = 0,\ 26795.$ La divergence est de 1/40 : l'écart en *plus*. si l'on prend directement le rapport de l'oscillation de l'écliptique au quart de méridien

on aura $\dfrac{6^o\ 6}{90} = 0,\ 0733. = (2 - \sqrt{3})^2 + 0,\ 0015 =$ $(2 - \sqrt{3})^2 + \dfrac{1}{49}$ l'écart en *plus* est de 1/49.

Donc l'angle de l'écliptique est donné par le coefficient $2 - (\sqrt{3} = 0,2679 = 1 - (\sqrt{3} - 1)$; l'oscillation de l'écliptique par le carré du même coefficient $= 0,07177 = (2 - \sqrt{3})^2$ et la latitude de Behring est $66^0 = 90^0 \times (\sqrt{3} - 1) = 90^0 \times 0,7321 = 65^0\ 889.$ L'erreur pour ce dernier cas ou la divergence du calcul et de l'observation

est de $\dfrac{11}{6600} = \dfrac{1}{600}$

Les écarts de ces formules et de l'observation sont $\dfrac{1}{80}$ $\dfrac{1}{49}$ et $\dfrac{1}{600}$

Le rapprochement bien frappant du calcul et de l'observation prouve l'exactitude de nos inductions.

Les subdivisions terrestre se font en suivant les rapports du triangle équilatéral au cercle circonscrit.

6° . 6 qui est la variation de l'écliptique, donne pour rayon générateur ou par subdivision harmonique. l'axe Corse et Sardaigne primitif ou axe fluvial de la Seine.

$6^{\circ}\,6. \times \frac{1}{\sqrt{3}} = 3^{\circ}\,81 = 174$ millimètres sur la carte d'Europe. — C'est l'axe moyen de la Seine.

6° 6. est l'axe Nord-Sud minimum de la méditerranée ou *la longueur* du Tage. Les rivières d'Europe portent le cachet de la variation de l'écliptique., c'est le grand élément géographique.

Variation de l'inclinaison de l'Ecliptique sur l'équateur terrestre établie d'après les données de l'annuaire des marées, année 1860, *p.* 503.

	degré	minute	seconde.
L'inclinaison *maximum* de l'Écliptique a eu lieu 40,000 ans avant l'année 1800 de l'ère chrétienne, cette inclinaison était de.	27°	30′	58″
30,000 ans, après l'an 1800 ; l'inclinaison minimun sera de.	20°	54′	38″
l'amplitude totale de l'oscilation de l'écliptique est donc dans l'espace de 70,000 ans de.	6°	36′	20″
l'inclinaison moyenne est	24°	12′	48″

Le calcul de l'angle moyen de l'écliptique offre une incertitude qui peut s'élever à 8 minutes en plus.

On voit, que l'angle moyen de l'écliptique correspond à la position qui plaçait la limite de la zône glaciale dans le détroit de Behring : détroit qui joue un si grand rôle dans la symétrie générale continentale. Lorsque l'inclinaison de l'ecliptique était de. . . . . 24° 12′ 48″

	degré	minute	seconde.
la limite de la zône glaciale était à	65°	49′	12″
or le cap du *Prince de Galle* ; pointe extrême de l'Amérique Nord, est à la latitude nord de. . .	65°	45′	″
tandis que le cap *Est*, extrêmité orientale de l'Asie, est à la latitude de	66°	16′	5
La position moyenne de ces deux caps forme le milieu de la partie étroite du détroit de Behring, à une latitude de	66°	0′	75″

Les époques de coïncidence de la limite de la zône glaciale avec le détroit de Behring, ont dû être celles des crises remarquables dans la cosmogonie terrestre.-- Il faut donc chercher à quelle période remonte dans le temps anciens, l'inclinaison de 24° degrés de l'écliptique sur l'équateur terrestre.....

La diminution séculaire de l'angle de l'écliptique avec l'équateur est de 48 secondes, en remontant à 4006 ans, avant le 1er janvier 1800 ; c'est-à-dire à 2206 avant J. C, , on touche au moment où l'inclinaison de l'écliptique était de 24 degrés et où le cercle polaire atteignait Behring. D'après la chronologie adoptée, l'époque du déluge universel, doit être portée aux environs de l'âge de 2308; bien peu différent de 2206.

Le cataclisme diluvien se confond donc avec la période où la limite de la zône glaciale atteignait Behring ?

A cette époque la variation séculaire de l'inclinaison l'écliptique sur l'équateur était la plus grande; et les variations athmosphérique, marine et terrestre atteignaient leur plus haute valeur.

I

Démonstration mathématique de la subdivision régulière opérée spontanément dans les corps vibrants.

Nous allons considérer d'abord une corde vibrante et rendre compte par les lois de la mécanique de sa subdivision en fractions très simples. Cette subdivision a été jusque à présent regardée comme conciliable avec les lois des petits mouvements ; mais nous allons plus loin, en démontrant que cette subdivision régulière est une conséquence mathématique du principe général de la moindre action.

1° La subdivision spontanée d'une corde en partie oscillant séparément, est une conséquence nécessaire du défaut d'homogénéité de la corde.— Les parties plus mobiles, seront : des *ventres* de vibration ; les parties moins mobiles, seront dans un état de repos relatif, en constituant des *nœuds* de vibration.

2° Les *nœuds* et les ventres de vibration doivent partager la corde en portions régulières, distribuées entre les deux points fixes, auxquels s'attachent les extrémités de la corde vibrante.

En effet, un ou plusieurs nœuds seront placés entre les deux extrémités de la corde, et l'ensemble du mouvement de tous les points de la corde, autour de la position initiale d'équilibre, sera mesuré par l'espace parcouru par les divers points oscillants. La Somme ou *l'intégrale* de tous ces parcours partiels formera *l'aire* comprise entre la position d'équilibre et l'écart extrême de la corde vibrante. — Ainsi, la mesure de l'ensemble des mouvements partiels des points oscillants, se ramène au calcul de l'aire comprise entre la position médiane de la corde et sa position extrême.

En vertu de la loi de la moindre action, la Somme des mouvements partiels des points de la corde doit être un *maximum:* donc *l'aire* comprise entre la position mediane et la position extrême de la corde doit être, elle même, un *maximum.*

La corde subdivisée en nœuds et en ventres de vibration sera, dans sa position extrême, comprise entre deux Polygones, l'un intérieur, l'autre extérieur à la corde. — Il faudra que ces deux Polygones satisfassent à la loi de l'aire maximum. — La question se ramène à la recherche de l'aire maximum comprise, sous un périmètre donné, et avec un nombre donné de sommets de Polygone.

Dans la série des côtés formée par la jonction des *nœuds* de vibration, qui constituent aussi le Polygone donné par la position moyenne des *ventres* de vibration, on devra trouver le tracé d'un Polygone convexe inscrit dans un cercle, puisque le cercle passant par les deux extrêmités fixes de la corde ; est la figure d'aire maximum sous le moindre contour. C'est là un des résultats imposés par le calcul des variations.

Quelle sera la relation qui existera entre les côtés x. x' x'' de ce Polygone... formant une somme constante ? cette relation dérivera de la loi des aires partielles formant un maximum autour du centre du cercle.... la distance des divers côtés à ce centre ; étant représenté par r r' r''.... ; les aires seront 1/2 $(x\ r + x'\ r' + x''\ r'' + \ldots.)$; tandis que $x + x'' + x'' =$ constante. Par le calcul des variations, on tirera de ces deux relations $r = r' = r'' = \ldots\ldots$, et par suite $x = x' = x''$

Le Polygone formé par les *nœuds* de vibration sera donc régulier ; et la même conséquence s'applique aux *ventres* de vibration.

Il faut donc qu'il existe un nombre entier et très simple de subdivisions régulières entre les deux points fixes de la corde vibrante.

Une démonstration analogue s'applique aux lames vibrantes.(1) En remplaçant le cercle par une surface sphérique, les cordes par des surfaces polyédriques et les aires qui mesurent les mouvements par des volumes.

Donc tout corps vibrant doit se subdiviser en parties régulières et cette loi s'applique à la terre.

La croute terreste peut être représentée par une lame sphérique dont l'épaisseur générale serait de 40 kilomètres.

(1) Avec cette seule différence que la lame fixée par une seule extrêmité, le bout libre correspondra à un *ventre* de vibration, tandis que l'extrêmité fixe sera un *nœud* de vibration.

Cette épaisseur comparée au rayon terrestre 6,400 kilomètres n'est guère que $\frac{1}{160}$ du rayon total.

Les continents nivelés n'offrent que les épaisseurs suivantes: Europe, 225 mètres, Amérique Septentrionale, 228 mètres, Amérique Méridionale, 345 mètres; Asie 350 mètres; Afrique, 345 mètres?

En moyenne, la tranche des continents audessus de la mer s'élève, à peine, à la hauteur de 300 mètres et ne forme qu'une fraction de $\frac{3}{400}$ de l'épaisseur générale de la croute terrestre.. celle-ci peut donc être considérée comme une lame assez régulière.

Entre la partie émergée et la partie immergée, il y a la solution de continuité, qui se manifeste entre les *vibrations* des corps solides et les vibrations des corps liquides : — On trouve là le principe que doit nettement limiter les étendues émergées et les faire obéir à une loi mathématique bien tranchée.

Les lois générales des subdivisions des lames vibrantes doivent donc s'appliquer à la croute terrestre et doivent plus énergiquement encore, séparer les parties émergées et les parties immergées de la surface de notre globe.

Nous posons comme principe général que la symétrie des directions des traits de la figure terrestre entraine celle des longueurs des axes; ce principe peut être formulé de la manière suivante.

Théorème. Sur une sphère, les symétries d'angles de grands cercles produisent les symétries de longueurs des arcs correspondants aux intersections des mêmes grands cercles, et *réciproquement*.

Or, les angles des grands cercles sont absolument ce que l'on désigne sous le nom de directions... Ainsi, en admettant le théorème énoncé, la symétrie des *directions* des soulèvements et des thalwegs conduira à la symétrie des *longueurs* des axes des montagnes et des vallées ; tout comme cette dernière symétrie aboutira à la symétrie des directions....

La question des rapports existants entre les *longueurs* et les *directions* se réduit donc à la démonstration du théorème précité. — Voici cette démonstration :

Décomposons un polyèdre symétrique en angles trièdres : chaque angle trièdre offrira la proportionnalité des sinus des angles dièdres, et des sinus des angles plans opposés aux angles dièdres. Les valeurs des arcs de grands cercles seront, donc, égales entr'elles, dès quelles seront opposées à des angles dièdres égaux.... Cela va jusque à cette extrême conséquence, que si l'on donne les trois angles dièdres, les trois angles plans, ou les trois arcs sphériques correspondants seront déterminés. — Donc, la symétrie des directions, entraine, rigoureusement, celle des longueurs des arcs : il ne peut y avoir, sur la sphère terrestre, une symétrie, même partielle, de directions, sans qu'il y ait une symétrie correspondante dans les longueurs des arcs.

En établissant nos rapports de longueur dans les traits de la structure terrestre, et en formulant des lois de symétrie pour ces longueurs, nous suivons, donc, au fond, le même ordre d'idées que celui qui a été développé relativement aux directions par l'illustre Elie de Beaumont... — Mais, nous ne trouvons pas sur la surface terrestre un corps également cristallisé......

Entre la partie émergée de notre globe et la partie immergée. Il y a toujours les rapports dérivés de la subdivision des corps vibrants, mais il n'y a point égalité... Il y a entre ces deux portions des différences qui rappellent la dissemblance de formes, existant entre les deux pôles d'une tourmaline qui manifestent des électricités opposées. En un mot, il y a une loi générale agissant d'une manière différente sur deux milieux aussi différents, que les solides et les liquides.

C'est, ainsi, que nous trouvons toujours les *thalwegs* et les *faites* se plaçant en sens opposés, relativement aux deux extrémités d'un même axes.

Sur l'axe Gironde-Pô, si l'on prend la longueur du rayon générateur à partir du centre Gironde, on obtiendra le faîte des Alpes occidentales passant par le mont Blanc ; tandis qu'en prenant la même longueur, à partir du centre Pô, on tombera sur le grand thalweg du Rhône...... La symétrie d'un *soulève-*

V

ment est formé par un *écrasement*.... C'est une symétrie par *contraste* comme dans les deux bouts opposés d'une tourmaline, une face ou une troncature, fait le pendant d'un pointement. Ce qui était positif à un pôle, devient négatif, à l'autre; tout comme les deux pôles terrestres ont des forces magnétiques opposées. Entre le relief du plateau central de la France, et le fond de la vallée du Pô, existent les mêmes rapports d'égalité et de position dans les lignes et les traits, ici encore, ce qui est *positif* d'un côté, est *négatif* de l'autre. — M Elie de Beaumont ayant trouvé le centre de son pentagone européen, en se dirigeant sur les lignes de faite, nous devions retrouver en ce point, des rapports reproduits par des lignes de talweg. En effet, le cercle Gironde-Pô décrit du centre Gironde, passe par le point D. de M. de Beaumont. Du centre Pô, au point D., on trouve la distance qui sépare la Bouche du Pô de celle du Rhône; ou une fois et demi l'axe moyen de la Seine. -- Et le cercle décrit du centre Pô, avec cette longueur Rhin et Pô, vient dessiner l'extrêmité des Vosges et de la Forêt Noire en passant par le confluent du Mein avec le Rhin....et se poser sur le centre du pentagone des soulèvements européens.

La symétrie des longueurs des *thalwegs*, nous conduit, donc, à la rencontre d'un point déterminé par la rencontre des directions des lignes *saillantes*.... La géométrie des formes se manifeste, ici, quelque soit le procédé employé pour le reconnaître!

Il nous reste à faire connaître les DEUX types principaux sous lesquels apparait la subdivision d'un axe fluvial ou montagneux.

Ces deux types sont toujours dérivés du rapport existant entre l'unité et $\sqrt{3}$.

Mais ce rapport peut être pris par différence, on aura en ce cas pour coefficients $\sqrt{3} - 1$, $1 - (\sqrt{3} - 1)$ ou $2 - \sqrt{3}$, et $(\sqrt{3} - 1)^2$ $1 - (\sqrt{3} - 1)^2$ le rapport de 1 à $\sqrt{3}$ peut être pris par quotient, les subdivisions ont alors pour coefficients

$$\frac{1}{\sqrt{3}}$$

$$1 - \frac{1}{\sqrt{3}}$$

$$\left(\frac{1}{\sqrt{3}}\right)^2$$

$$1 - \left(\frac{1}{\sqrt{3}}\right)^2$$

$$\left(1 - \frac{1}{\sqrt{3}}\right)^2$$

le premier type dont les coefficients sont :
$\sqrt{3} - 1 = 0.732$, $1 - (\sqrt{3} - 1) = 0.268$.
$(\sqrt{3} - 1)^2 = 0.5360$, $(1 - \sqrt{3} - 1)^2 = 0.0720$.

Se trouve représenté dans la grande subdivision du globe terrestre. Behring correspond à un cercle polaire, donné par $90^0 \times 0.732 = 65^0\ 88$. — Chiffre bien voisin de 66^0, et l'écliptique est déterminé, dans son angle moyen, par $90 \times 0\ 268 = 24^0$; 12.

La variation elle-même de l'écliptique est $24^0 \cdot 12 \times 0.268 = 6^0\ 462$: elle est représentée sur la sphère terrestre par 717 kilomètres 98.

Chose bien remarquable ! cette dernière longueur est, la largeur de la méditerranée, entre la bouche du Rhône et la côte de l'Algérie ! et elle a pour rayon générateur, $6^0\ 462 \times 0.5773 = 3^0\ 73$ ou 414 kilomètres 44.

Or, l'axe moyen de la Seine par l'Armaçon est 410 kilomètres et l'axe de la *Durance* est de 207 kilomètres, moitié du même rayon générateur, voilà donc la VALLÉE DE LA SEINE DONT L'AXE SE LIE SUR LA SPHÈRE TERRESTRE, A L'AMTITUDE DU PLUS LENT ET LE PLUS IMPORTANT DES GRANDS PHÉNOMÈNES ASTRONOMIQUES RELATIFS A LA TERRE. Tandis que l'axe de la Durance égale à la chaine qui exprime la largeur de la Provence, entre le Rhône et le Var, donne la MOITIÉ de la même valeur astronomique.

Le type des rapports par différence, si bien indiqué dans les grandes conditions astronomiques de la terre, se trouve aussi représenté par les subdivisions de la Loire.

VII

La Loire a pour axe maximun 566 kilomètres et pour confluents les plus remarquables : Loire et Allier ; Loire et Vienne ces deux confluents sont représentés par 566 kilomètres × 0.732 ; 414 kilomètres : soit que l'on parte de l'extrémité de la vallée, vers la source de la Loire; soit que l'on se pose à l'embouchure de cette rivière....

On trouve aussi, le grand coude d'Orléans ; en prenant à partir de *l'embouchure* le coefficient ($\sqrt{3}$ — 1)^2 ou 0.5315 : à partir de la source de l'Allier jusqu'au grand confluent de Nevers, le coefficient est 1 — ($\sqrt{3}$ — 1)^2 = 0.4655. — Le Danube et la Seine offrent, au contraire, essentiellement la subdivision $\frac{1}{\sqrt{3}}$; Aux deux grands confluents Seine-Marne, et Seine-Yonne : se trouve l'application du deuxième type.

Le Rhône offre, dans son axe maximum par la vallée de la Saône, l'application du type Loire, et par son axe Rhône Alpin l'application du type Seine.

La structure générale de la terre, dans la limite de la nouvelle Hollande, offre le type *Loire;* dans la subdivision des Isthmes, elle reproduit le type *Seine* qui n'est lui-même que la reproduction du type Corse et Sardaigne. — Mais qu'on ne perde jamais de vue que l'un et l'autre type sont constamment la *reproduction des relations du côté du triangle équilatéral avec le rayon du cercle circonscrit.*

Ces relations incommensurables du rayon générateur au côté du triangle équilatéral, donnent lieu à une première approximation exprimée par les nombres *quatre dixième* et *six dizièmes* ...C'est ainsi que la longueur de l'île de Corse, prise dans sa masse la plus évidemment continue, donne pour axe général la longueur de 184 kilomètres.... qui est les quatre dixième des 462 kilomètres valeur de l'axe général Corse et Sardaigne....C'est ainsi que dans l'ensemble du globe terrestre, les axes continentaux Asie-Afrique, Amérique s'expriment par 148^0 et 144^0 — chiffre qui ne sont que de faibles variantes des 0, 4 des 360 dégrés de la circonférence totale de la terre. — On voit comment on est amené par cette première approximation, au système des angles pentagonaux de $\frac{144^0}{2}$ = 72^0 . . . angles qui forment la base du réseau pentagonal si savamment exposé par l'illustre M. Elie de Beaumont.

Après avoir discuté les lois de nos types de subdivision, il faut discuter les principes qui nous ont conduit au triangle équilatéral dont la base part de l'extrémité de la Gironde.

Le triangle équilatéral dont nous avons posé le sommet principal à la bouche de la Gironde, avait ce centre remarquable tout indiqué par le grand triangle équilatéral appuyé sur les grands groupes volcaniques. 1° de l'Islande; 2° des Canaries et 3° de l'Archipel Grec. Les vibrations de ces trois grands groupes avaient donc leur résultante générale passant par la bouche de la Gironde. Ce triangle était lui même lié au système des axes continentaux partant de Behring, par la relation $\frac{\sqrt{3}-1}{3}$. D'autre part, l'intérieur même du sol est profondément modifié vers la bouche de la Gironde, la pesanteur y prend sa valeur *minimum* relative au reste de l'Europe, tandis que l'attraction intérieure va croissant de la Gironde à la vallée du Pô, vers Parme et Plaisance.

Les forces corrosive des volcans du grand triangle volcanique Européen ont exercé leur plus haute puissance sur le point central de ce triangle. A l'heure actuelle, cette puissance corrosive exercée dans la vallée de Gironde est, encore, largement représentée à la surface même du sol, par les grandes masses de sources d'eaux thermales qui forment le pourtour de la vallée de Gironde, dans l'Auvergne et dans les Pyrénées; et qui apportent, sans cesse, au jour une grande quantité de matières salines enlevées aux entrailles de la terre.

Les constructions géométriques déduites des grandes lignes des vallées, nous ont donc mené avec une singulière précision sur le centre que les *groupes* volcaniques, que les eaux *thermales* et que la moindre pésanteur nous auraient désigné comme le point le plus important de l'Europe occidentale.

Les lois des formes terrestres permettent de calculer les grandes vallées sous marines.— Elles ont une utilité pratique pour la pose des fils télégraphiques immergée.— Ainsi les deux grandes vallées sous-marines placée l'une au nord des îles

Baléares à 2,400 mètres de profondeur, l'autre au nord de la côte d'Afrique entre le détroit de Messine et de Gibraltar à 3,000 mètres de profondeur, peuvent être déduits du calcul.

Les masses minérales peuvent aussi être tracées par des constructions géométriques.

La plus grande de toutes les formations secondaires, est celle des calcaires jurassiques, et le plus remarquable de ces sédiments est celui qui s'étend entre Bâle et Fréjus, en se dirigeant vers le E. Nord E. près Bâle et vers l'O. N. O. près de Fréjus, massif de l'esterel. Ces deux grandes masses sont enveloppées par deux arcs de cercle, dont le centre commun serait vers le milieu de la vallée du Pô.

Du centre opposé, placé à la bouche de la Gironde, on peut tracer les arcs, à courbure inverse de la précédente, qui limitent les terrains primitifs de la Lozère et de la pointe du Morvan, et qui sont enveloppés par les bandes de calcaires secondaires jurassiques de l'Ardèche et du Gard; ces arcs décrits du centre Gironde viennent couper, vers Avalon, le massif calcaire du plateau de Langres.

Au milieu de l'ensemble des deux masses calcaires, dont les convexités sont opposées, se dessinent deux grandes lignes 1° la ligne Gironde-Pô, qui marque l'extrême limite méridionale du terrain Portlandien, 2e la ligne médiane, menée du sommet Rhin sur la base Gironde-Pô.

Cette dernière médiane trace, à son point de rencontre avec la base Gironde-Pô, les deux derniers lambeaux du terrain Portlandien qui gisent auprès de Bourgoing, dans le département de l'Isère.

Voilà donc une intersection géométrique, sortie des entrailles même de notre système des subdivisions, qui dessine, avec une singulière exactitude, la position du plus remarquable point Paléontologique de la France.

Ce n'est pas tout encore, si l'on prend pour base d'un nouveau triangle équilatéral, la ligne Gironde-Rhin, on aura pour le centre de ce triangle posé vers le Nord-Ouest, un point voisin de Winchester, sur la direction de la bouche Gironde de l'île de Wigth. Du centre Winchester, le cercle décrit en passant par l'extrêmité Sud-Est du bassin de la Seine, donnera tout l'arc jurassique qui s'étend du Poitou, aux sources de la Marne.

En continuant cette série de constructions, on achevera le dessin de l'espèce de 8 formé par le dépôt jurassique de la France.

Tous les principaux delinéaments de la carte géologique peuvent être obtenus par le système des constructions géométrique dérivées de la donnée générale que nous avons exposée : parce que les soulèvements et les écrasements terrestres, causes première de toute les limites géologiques, ont toujours eu leurs causés, dans la donnée fondamentale des subdivisions vibratoires.

Une autre conséquence non moins remarquable, et non moins utile, est celle qui se rattache aux nouvelles données fournies aux exploitations des matières minérales

Les bassins à combustibles de houille et de lignite, ont leurs axes principaux et leurs subdivisions établies par des failles, par des affaissements et des relèvements.

Quels sont les points de plus grande épaisseur de chaque groupe exploitable? Quels sont les points d'interruption ? Voilà le plus important de tout les problèmes de la minéralogie pratique.... le point de plus grande largeur du bassin houiller de St-Etienne, est donné par une subdivision de l'axe correspondant à $\sqrt{3} - 1$. Dans l'intervalle des longueurs exprimées par $\frac{1}{\sqrt{3}}$ et par $\sqrt{3} - 1$, se trouve la région de plus grandes richesse houillère, région limitée vers l'Est, par le bourg de Terre noire. La grande interruption intérieure du bassin houiller est, auprès de St-Chamond et correspond à la subdivision $\frac{\sqrt{3} - 1}{\sqrt{3}}$. Après avoir déduit de nos formules, les lois principales des plus important gisement houiller de la France, passons aux gisements de lignite.

Dans le bassin à lignite de la vallée de l'Arc, dans les Bouches-du-Rhône, la longueur totale du bassin et 56 kilomètres 100 mètres, la subdivision établie par la formule $\frac{\sqrt{3} - 1}{\sqrt{3}}$ correspond à 23 kilomètres 714 mètres, en nombre rond, à 24 kilomètres, or, le cercle décrit de la source de l'arc, avec le rayon de 24 kilomètres. passe au défilé de l'Angesse, la plus remarquable de toutes les clues de la vallée de l'arc. Ce cercle vient tracer la grande arrête des 4 termes séparant l'exploitation des lignites de Gardanne de l'exploitation de Fuveau, ce même cercle aboutit aux dislocations qui, entre Mimet et St-Savournin, s'appuyent sur la plus grande montagne de calcaire jurassique formant la limite méridionale du bassin à lignite.

Par ces deux exemples, on voit la généralité et l'utilité de notre loi des subdivisions dans les bassins de combustibles exploités.

Dans les exploitations des filons, dans les gisements d'eaux thermales et d'eaux souterraines ordinaires, on pourra se guider sur les mêmes lois. Les règles présidant à toutes les coordinations intérieures et extérieures, sont invariables. Les lois des subdivisions vibratoires, sont si générales, que l'on peut en trouver l'application dans les distributions des masses astronomiques, et, même dans la ligne de la série maximum des taches solaires. Les plus petits détails de l'organisation terrestre et les plus grands traits de la distribution des astres, sont régis par les mêmes lois de mécaniques et d'harmonie. Ces lois des subdivisions se rattachent aux phénomènes les plus universels du monde créé et aux pratiques les plus utiles de l'art des mines.

D'après les observations récentes, les tâches solaires occupent de chaque côté de l'équateur du soleil, une zône large de trente degrès. Cette largeur est donnée par la subdivision harmonique du quadrant de la circonférence solaire affecté du coefficient $\left(\frac{1}{\sqrt{3}}\right)^2$ Voilà une première coïncidence avec notre loi.

La zône tachetée offre une bande étroite où se manifeste le maximum de parties obscures ; cette bande sombre est située aux $\frac{4}{10}$ de la limite équatoréale de la zône tâchetée ; et, par conséquent, aux $\frac{6}{10}$ de la limite polaire. Ces deux chiffres sont respectivement les approximations de $\frac{\sqrt{2}-1}{\sqrt{3}}$ et de $\frac{1}{\sqrt{3}}$

La zône des taches solaires est, donc, divisée d'après la même loi que celle qui détermine la position de cercle des isthmes terrestres, relativement à Behring.

Il est tout naturel que les vibrations lumineuses du soleil donnent lieu aux mêmes systèmes de nœuds que les vibrations terrestres; mais on est surpris davantage de retrouver les mêmes relations, non seulement dans l'inclinaison réciproque de l'écliptique et de l'équateur terrestre; mais encore, dans les dimensions et les distances respectives du soleil, de la terre et de la lune.

Le demi diamètre solaire est 112 rayons terrestres; or, le rayon générateur de ce demi diamètre est $112 \times \frac{1}{\sqrt{3}}$ ou 63 rayons terrestres, 820; la distance maximum de la terre à la lune est 63 rayons terrestres, 587.......

L'écart n'est que de $\frac{1}{262}$,.. moins de un deux centième !!

D'après l'annuaire du bureau de longitudes de 1865, le demi diamètre solaire se réduirait à 108,55. rayons terrestres, ce qui donnerait pour rayon générateur 62 94, résultat de l'expression $108.55 \times \frac{1}{\sqrt{3}}$, chiffre inférieur au grand axe lunaire de *un centième*. Les divergences sont, donc, entre un centième en *moins*, et un deux centième en *plus*.

Le quart de la circonférence de la lune reproduit l'arc terrestre qui exprime l'angle moyen de l'écliptique. Le quart de la circonférence de la lune est les 0,273 du quart de la circonférence terrestre. Or, l'arc terrestre moyen de l'écliptique est 0,268, la divergence n'est que de $\frac{10}{536} = \frac{1}{53.6}$.

La subdivision terrestre de l'arc moyen de l'écliptique est, donc, retracée dans la dimension de la Lune.

Entre la terre, le soleil et la lune, nous retrouvons nos deux grands types de subdivision $\frac{1}{\sqrt{3}}$ et $1-(\sqrt{2}-1\cdot)$

Les dimensions de nos continents, de nos fleuves, de nos montagnes sont écrites dans les cieux en même temps que les lois des variations de nos climats.

Donc les rapports géométriques du système formé par la terre et la lune se rattachent aux dimensions du corps solaire par le lien mécanique des subdivisions harmoniques : donc encore, la matière cosmique s'est subdivisée suivant les lois qui ont présidé aux formes terrestres.

La hauteur elle-même des montagnes, et la profondeur des mers doivent, dans leurs valeurs extrêmes, reproduire la double influence des extrêmes attractions lunaires ; et de la rotation terrestre, sur la partie liquide intérieure de notre globe.

La plus grande attraction lunaire correspond à la moindre distance de cet astre : la plus faible attraction résulte de son plus grand éloignement. Or, cette différence des effets extrêmes est due à l'excentricité de l'orbite lunaire.

D'après la loi de l'attraction en raison inverse du carré de la distance, cette différence d'attraction s'exprime par la différence $\frac{2\ d.\ r.}{r^3}$, r, étant la distance moyenne prise pour unité.

Mais l'excentricité exprimée ici par $d.\ r.$ a pour valeur totale 0. 1098.

D'autre part l'effet de la rotation de la terre se résume dans l'inégalité des deux axes maximum et minimum du sphéroïde terrestre. Cette inégalité a pour valeur 42 kilomètre 512.

La limite de la profondeur des mers et de la hauteur des montagnes a, donc pour expression, 42 kilomètres 512 × 2 × 0. 1098 ou 9335 mètres.

L'extrême profondeur des mers est évaluée par M. Elie de Beaumont, à 10. 000 mètres, et la plus haute cime des Himalayas est le mont Everest dont l'altitude est 8840 mètres ; la moyenne des deux chiffres est 9420.

La divergence, en plus, est de $\frac{85}{9000}$; Elle correspond à l'excentricité de l'orbite terrestre, c'est-à-dire aux variations extrêmes de l'attraction solaire, qui doivent alternativement retrancher et ajouter leur effet à celui de l'excentricité de l'orbite lunaire. — On doit bien remarquer que les plus hautes cimes de la terre sont placées vers la région où se rencontrent le prolongement du grand *cercle d'Amérique*, Berhing, cap Horn, et le *cercle des grande montagnes* de l'ancien continent.

La valeur moyenne des impulsions intérieures de la terre nous serait donnée par 42 kilomètres 512 × 0.1098. = 4668 mètres, la hauteur moyenne du mont Blanc 4815 mètres et du mont Rose, 4,636 ne diffère de ce chiffre que d'environ $\frac{1}{80}$.

Les montagnes offrent les mêmes variations dans leurs altitudes que les subdivisions harmoniques, des lignes horizontales des faites et des vallées.

Ainsi, l'arête culminante du Caucase et de l'Ararat est indiquée par 5248 mètres, Everest $\times \frac{1}{\sqrt{3}}$ = 5403 mètres 33.

La hauteur maximum de l'Elbrous est 5642 mètres, le chiffre maximun des dénivellements des mers et des montagne est de 9335, et 9335 $\times \frac{1}{\sqrt{3}}$ = 5388 mètres.

La sommité de la Sierra Moréna et les grandes cimes des Pyrenées offrent, avec les Alpes, les mêmes rapports harmoniques que ceux existants entre les Cordilières et les Himalayas.

4815 mètres, hauteur du mont Blanc, affecté du coefficient $\sqrt{3} - 1$, donne 3524 mètre 08, le Mulahacen de la Sierra Moréna est à 3555 mètres, la Maladetta des Pyrénées s'élève à 3404 mètres. Dans l'Himalaya la hauteur extrême 8840 affectés du même coefficient $\sqrt{3} - 1$, donne 6470 mètres 88.....

Or, les principales masses des Cordélières sont le Chimborazzo, 6530 mètres, le Sorata, 6487 et l'Illimani, 6445 mètres, la coïncidence est frappante ! le Sahama, au Pérou, atteint 6812 mètres et l'Aconcagna, au Chili, 6834 mètres, ces chiffres ont pour limite 6833 = 9335 mètres × $(\sqrt{3} - 1)$ et correspondent aux mêmes types relatifs que l'Elbrous comparé aux autres cimes de Caucase et de l'Ararat.

Les inégalités des altitudes des montagnes ont donc les mêmes lois que les grandes lignes horizontales dessinées à la surface du globe.

XV

Les grandes pyramides de la terre sont des résultantes de l'excentricité terrestre et de l'excentricité de l'orbite lunaire, et l'étalon moyen de ces imposantes mesures est dans la grande chaine de l'Europe centrale, dans les Alpes. La ligne horizontale de cette grande arète est, en outre, une dérivation très harmonique de l'excentricité terrestre.

Le principal élément de cette base horizontale est dans la droite qui joint la cime du mont Blanc à la cime du mont Rose. Cette ligne est de 76 kilomètres 50 ; ligne reproduite, dans le Var, par l'axe de la rivière d'Argens et par la ligne de faîte du Bessillon au Cheyron ; principale chaine centrale de la Provence.

Or, le rayon générateur de cette ligne de faîte est 76 kilomètres 50 $\times \frac{1}{\sqrt{3}} =$ 44 kilomètres 163. C'est, à peu près, la *longueur de l'excentricité terrestre*, 42 kilomètres 512 ; la divergence est de $\frac{1}{22}$. Le col du Grand Saint-Bernard laisse entre la cime du mont Rose et la dépression, une longueur égale à l'excentricité terrestre.

En résumé, la hauteur des deux cimes Alpines, et leur distance reflètent bien la double expression de l'excentricité terrestre et de l'excentricité de l'orbite lunaire. L'expression qui peint le plus exactement un système de montagnes est celle d'un ENSEMBLE D'ONDULATIONS SOLIDIFIÉES représentant les marées excessives.

Nous pourrons plus tard justifier par une revue générale des éléments astronomiques des distances et des dimensions des planètes et des comètes, les grandes conséquences de la théorie de la vibration universelle. La gravitation régit les révolutions sidérales, mais ces mouvements ne s'appliquent qu'aux éléments pésants, groupés et coordonnés entr'eux par les lois bien plus générales de la VIBRATION UNIVERSELLE.

Dans ses formes, la terre a gardé l'empreinte des variations astronomiques ; comme la plus fidèle des photographies, elle nous donne les phases principales des variations du perigée, de la lignes des équinoxes, de l'inclinaison de l'écliptique et des distances lunaires. Le calcul des périodes de la géologie sortira du tableau des relations astronomiques auxquelles l'univers terrestre est soumis. N'est-il pas déjà bien satisfaisant de voir la période de la création de l'homme assignée à 5360 ans, nous reporter à la coïncidence de la ligne des équinoxes avec le grand axe terrestre, époque où devait nécessairement naître une marée intérieure maximum, cause d'une grande commotion terrestre, vers les jours où l'équinoxe d'automne arrivait avec la plus forte attraction lunaire et solaire ?

Tandis que la période du déluge historique, nous ramène à 4000 ans en arrière vers le moment où s'opérait la crise de la plus rapide variation de l'inclinaison de l'écliptique ! la géologie et l'astronomie confirment les traditions de l'histoire la plus digne de respect. Les incertitudes de *l'archéologie* et de la chronologie s'évanouissent devant les claires déductions de la géologie mathématique.

Table des Matières.

Pages

Pages

Dessins joints à ces études :

1° Carte de la terre developpée à l'horizon de Behring.

2° Carte de la Seine, relation avec le triangle équilatéral.

3° Carte du bassin Houiller de la Loire, tracé géométrique des subdivisions du bassin.

Fin de la Table des Matières.

ERRATA.

PAGE	LIGNE.	AU LIEU DE :	LISEZ :
8	5	gne	une
15	6	déchirements	déchirements
22	13	Rumini	Rimini
23	20	sept	quatorze
24	10	Volga	Dniéper
26	16	réunir	réunir vers Vienne
32	28	donne-t-il	donne-t-elle
35	10	divines	devinées
50 (1)			
VI	21	Armaçon	Armançon
VI	24	amtitude	amplitude

(1) Le grand axe continental représente la subdivision de la circonférence terrestre correspondante au coéfficient $\frac{\sqrt{3}-1}{\sqrt{3}}$; le côté du grand triangle volcanique européen = la circonférence terrestre $\times \frac{1}{\sqrt{3}}\left(\frac{\sqrt{3}-1}{\sqrt{3}}\right)^2$ et l'axe Gironde-Seine, = Ce dernier côté $\times$ par le même coéfficient $\frac{1}{\sqrt{3}}\left(\frac{\sqrt{3}-1}{\sqrt{3}}\right)^2$

Le côté du triangle volcanique Islande—Canaries—Archipel est *moyen proportionnels* entre la longueur de la circonférence terrestre et l'axe Gironde-Seine = l'axe moyen de la Seine 420 kilomètres.

(Extrait du Répertoire des travaux de la Société de statistique de Marseille
Tome XXVII, année 1864.)

Marseille. — Typ. ROUX, rue Montgrand, 12.

1er *juillet* 1828.

ILLANDIER (ADOLPHE-HONORÉ), Conseiller à la Cour de cassation, etc., rue de l'Université, 8, à Paris.

7 *août* 1828.

RBAROUX, O. ✡, Sénateur, place du Palais-Bourbon, . 6, à Paris.

RNAUD (PIERRE-ANTOINE), licencié en droit, etc., à Gap.

6 *novembre* 1828.

FAUD (J.-J.), ✡, Homme de lettres, Membre de plusieurs Sociétés savantes, à Paris.

5 *juin* 1829.

UARD (ETIENNE-ANTOINE-BENOIT), ✡, Membre de l'Académie des sciences, belles-lettres, arts, agriculture, etc., et Bibliothécaire de la ville d'Aix. Correspondant du ministère de l'instruction publique, de la Société des antiquaires de France, de l'Académie des sciences de Turin, à Aix.

4 *février* 1830.

RÉAUX-LOCRÉ, C. ✡, Commandant du château de Compiègne, Membre de la Société maritime de Paris, de la Société orientale, et d'autres corps savants, à Compiègne (Oise.)

GAROSI, ✡, Maire de Mirepoix, Membre de plusieurs Académies, à Mirepoix (Ariège.)

LAPIER, Conseiller à la Cour impériale, à Aix, *(Nommé Membre actif, en 1827, devenu correspondant.)*

8 *mai* 1831.

ALO (CHARLES), ✡, Homme de lettres, Membre de plusieurs sociétés savantes, à Paris.

7 *juillet* 1831.

DE CHRISTOL (JULES), Docteur ès-sciences, Professeur de géologie, à Dijon.

9 *octobre* 1831.

DE BLOSSEVILLE (ERNEST), Marquis, ancien Conseiller de préfecture du département de Seine et Oise, Membre du corps législatif et du Conseil général de l'Eure, Correspondant de plusieurs Sociétés savantes, à Amfréville la Campagne, près le Neuf-Bourg (Eure).

www.ingramcontent.com/pod-product-compliance
Lightning Source LLC
LaVergne TN
LVHW020036170826
845678LV00001B/279

* 9 7 8 2 3 2 9 6 9 5 5 3 2 *